Ai

Illustrator
レッスンブック
for PC & iPad

CC 完全対応
Mac & Windows 対応

ソシムデザイン編集部　著

はじめに

Illustratorは、デジタルイラストの描画やロゴ・広告等のグラフィックデザインから、パンフレット等ページもののエディトリアルデザイン、さらにはWebデザイン、映像制作まで幅広いデザイン制作に活用できるベクター系グラフィックソフトです。もともとは紙媒体中心のソフトでしたが、時流に合わせ各種電子媒体・Webなど、さまざまなデザインの現場で活用され親しまれています。特筆すべきところは、プロも使う高度な機能を搭載しつつも、初心者でも手軽にデザイン制作を行い、作品を仕上げることができる使いやすさです。

本書は、主に初めてIllustratorを学ぶ方を対象にレッスン形式で操作について解説しています。サンプルデータをダウンロードして、実際に手を動かしながら学んでいくことで、1つずつ確実にステップアップしていくことができます。操作に慣れないうちは難しく感じるかもしれませんが、基礎をしっかり学べば、Illustratorの楽しさとデザインの無限の可能性を感じられると思います。ぜひ、いろいろな場面でIllustratorを活用してみてください。

また、本書ではバージョンアップにともなう新機能や、デザインをするうえでのポイントも付随して掲載していますので、Illustratorを趣味でお使いの方やプロを目指している方にもご活用いただけます。よりクオリティの高いデザインを素早く制作するヒントを見つけていただけると幸いです。

Illustratorはあくまでデザインツールです。各種ツールの使い方や機能を知っておくのはもちろん大切ですが、まずは自分のイメージを大事にし、それを表現できるよう日頃よりデザインを意識してみましょう。

本書がIllustratorの手引書として少しでも皆さんのお役に立ち、デザインの幅を広げることができればとても嬉しく思います。
早速大切な方へ、想いあふれるポストカードなどデザインしてみませんか？

2022年5月

ソシムデザイン編集部

本書の構成

基本

発展

目次

基本 LESSON 01 Illustratorと画像データの基礎知識 …………019

紙面の見方

タイトル
このレッスンで学ぶ内容です。

サブタイトル
このレッスンで使う
ツールや機能です。

サンプルデータ
このレッスンで使用するサンプルデータの入っている
フォルダ名です。詳細はP.015をご確認ください。

レッスン番号

補足説明
操作解説の補足説明です。

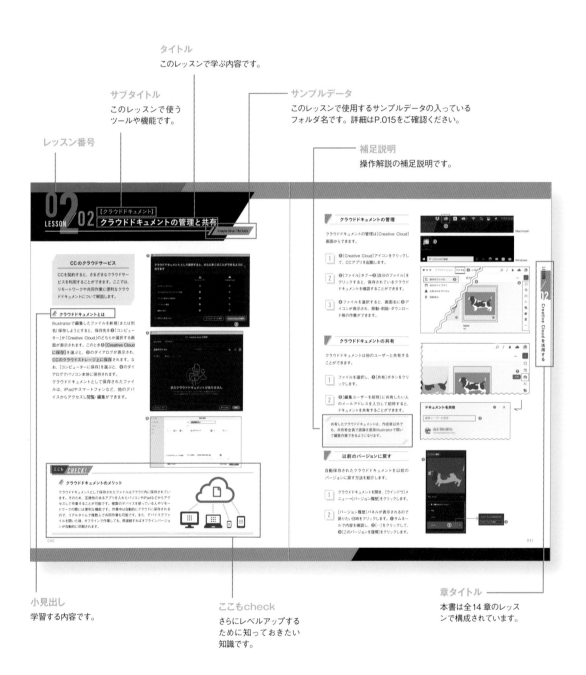

小見出し
学習する内容です。

ここもcheck
さらにレベルアップする
ために知っておきたい
知識です。

章タイトル
本書は全14章のレッス
ンで構成されています。

本書について

Illustratorのバージョンについて

本書はMac版、Windows版のIllustrator CC2022に対応しています。紙面での解説はMac版Illustrator CC2022が基本となっています。Illustrator CC2022はバージョンアップが随時行われるため、バージョンアップの前後では画面表示や操作が異なる可能性があります。あらかじめご注意ください。本書ではIllustrator CC2022の表記を基準にしていますので、別バージョンの場合はツール名・メニュー名等が異なる場合があります。また、紹介している一部の機能は古いバージョンでは使用できない場合があります。あらかじめご注意ください。

Windowsをお使いの方へ

本書ではキーを併用する操作やキーボードショートカットについて、Macのキーを基本に表記しています。Windowsでの操作の場合は、次のように読み替えてください。

option ➡ Alt 、 ⌘ ➡ Ctrl 、 control ＋クリック ➡ 右クリック

ダウンロードデータについて

本書のレッスンで使用しているサンプルデータは以下のWebサイトからダウンロードすることができます。ダウンロードしたサンプルデータは圧縮されていますので展開してからご利用ください。

URL **https://www.socym.co.jp/book/1368**

[サンプルデータご使用の際の注意事項]
一部のサンプルデータにはフォントが使用されています。使用しているフォントはすべてAdobe Fontsで提供されているものです（2022年5月現在）。ファイルを開いたときに［環境にないフォント］の警告画面が表示された場合は、Adobe Fontsで該当フォントをアクティベートしてご使用ください。なお、Adobe Fontsで提供されるフォントは変更される場合があります。もしフォントが見つからない場合は、ほかのフォントに置き換えて作業を行ってください。

[サンプルデータの使用許諾について]
ダウンロードで提供しているサンプルデータは、本書をお買い上げくださった方がIllustratorを学ぶためのものであり、フリーウェアではありません。Illustratorの学習以外の目的でのデータ使用、コピー、配布は固く禁じます。なお、サンプルデータの使用によって、いかなる損害が生じても、ソシム株式会社および著者は責任を負いかねます。あらかじめご了承ください。

ツール一覧

アイコン	ツール名	説明	ショートカットキー
	選択	オブジェクトを選択します	V
	ダイレクト選択	オブジェクトの一部（アンカーポイントやパス）を選択します	A
	グループ選択	グループ内のオブジェクトまたはグループを選択します	
	自動選択	共通した属性のオブジェクトを選択します	Y
	なげなわ	ドラッグしてオブジェクトの一部（アンカーポイントやパス）を選択します	Q
	ペン	直線またはベジェ曲線を描画します	P
	アンカーポイントの追加	パスにアンカーポイントを追加します	Shift + +
	アンカーポイントの削除	パスのアンカーポイントを削除します	-
	アンカーポイント	アンカーポイントのスムーズポイントとコーナーポイントを切り換えます	Shift + C
	曲線	ベジェ曲線または直線を直感的に描画します	Shift + `
	文字	テキストの入力やテキストを部分的に選択します	T
	エリア内文字	クローズパスをテキストエリアに変換して、テキストを入力します	
	パス上文字	オープンパスに沿ってテキストを入力します	
	文字（縦）	縦書きのテキスト入力やテキストを部分的に選択します	
	エリア内文字（縦）	クローズパスを縦書きテキストエリアに変換して、テキストを入力します	
	パス上文字（縦）	オープンパスに沿って縦書きテキストを入力します	
	文字タッチ	文字をアウトライン化せずに大きさ・回転・長体／平体等を調整します	Shift + T
	直線	直線のオープンパスを描きます	¥
	円弧	曲線のパスを描きます	
	スパイラル	らせんを描きます	
	長方形グリッド	長方形のグリッドを描きます	
	同心円グリッド	同心円のグリッドを描きます	
	長方形	長方形や正方形を描きます	M
	角丸長方形	角丸の長方形や正方形を描きます	
	楕円形	楕円形や正円を描きます	L
	多角形	多角形を描きます	
	スター	星形を描きます	
	フレア	フレアを描きます	
	ブラシ	ブラシストロークをフリーハンドで描いたパスに適用します	B
	塗りブラシ	ドラッグした軌跡に、ブラシサイズでクローズパスを作成します	Shift + B
	Shaper	フリーハンドの形状から楕円形や長方形などを自動生成したり、複数の重なり合ったオブジェクトの合成や切り抜きをしたりします	Shift + N

アイコン	ツール名	説明	ショートカットキー
✏	鉛筆	パスをフリーハンドで描いたり編集したりします	N
✐	スムーズ	パスを滑らかに補正します	
✎	パス消しゴム	パスやアンカーポイントを削除します	
✖	連結	交差したり離れていたりする線端をドラッグして連結します	
◻	消しゴム	オブジェクトの一部をドラッグして削除します	Shift + E
✂	はさみ	パスをクリックした位置で切断します	C
✐	ナイフ	オブジェクトやパスをドラッグして切断します	
↻	回転	オブジェクトを回転させます	R
▷◁	リフレクト	オブジェクトを反転させます	O
⤢	拡大・縮小	オブジェクトを拡大または縮小させます	S
◪	シアー	オブジェクトを傾けます	
⤡	リシェイプ	パスの情報を保ったまま変形させます	
⤳	線幅	線の幅を部分的に変えます	Shift + W
◧	ワープ	ドラッグしてオブジェクトに引っ張ったような変化を与えます	Shift + R
◉	うねり	ドラッグまたはクリックしてオブジェクトにうねりを与えます	
✳	収縮	ドラッグまたはクリックしてオブジェクトに収縮する変化を与えます	
✦	膨張	ドラッグまたはクリックしてオブジェクトに膨張する変化を与えます	
◨	ひだ	ドラッグまたはクリックしてオブジェクトに収縮しながらひだを与えます	
✴	クラウン	ドラッグまたはクリックしてオブジェクトとげが出るようにして変形します	
◣	リンクル	ドラッグまたはクリックしてオブジェクトに波の変化を与えます	
⤢	自由変形	オブジェクトを自由な形に変形させます	E
✚	パペットワープ	変形が自然に見えるようにアートワークの一部を変形します	
◉	シェイプ形成	複数のシェイプを結合・分割します	Shift + M
◈	ライブペイント	ライブペイントグループに色を設定します	K
◈	ライブペイント選択	ライブペイントグループを選択します	Shift + L
▦	遠近グリッド	遠近グリッドを調整します	Shift + P
◈	遠近図形選択	遠近グリッドに配置したオブジェクトを選択します	Shift + V
▨	メッシュ	メッシュオブジェクトの作成・編集をします	U
◨	グラデーション	グラデーションを設定します	G
✐	スポイト	オブジェクトの情報を抽出して、違うオブジェクトに適用します	I
◿	ものさし	2点間の距離を測ります	

017

アイコン	ツール名	説明	ショートカットキー
	ブレンド	ブレンドオブジェクトを作成・編集します	W
	シンボルスプレー	ドラッグまたはクリックして複数のシンボルを配置します	Shift + S
	シンボルシフト	シンボルインスタンス内のシンボルを移動させます	
	シンボルスクランチ	シンボルインスタンス内のシンボルを寄せ集めます	
	シンボルリサイズ	シンボルインスタンス内のシンボルを拡大・縮小させます	
	シンボルスピン	シンボルインスタンス内のシンボルを回転させます	
	シンボルステイン	シンボルインスタンス内のシンボルの色を変更します	
	シンボルスクリーン	シンボルインスタンス内のシンボルのカラーモードを変更します	
	シンボルスタイル	シンボルインスタンス内のシンボルにグラフィックスタイルを設定します	
	棒グラフ	棒グラフを作成します	J
	積み上げ棒グラフ	積み上げ棒グラフを作成します	
	横向き棒グラフ	横向き棒グラフを作成します	
	横向き積み上げ棒グラフ	横向き積み上げ棒グラフを作成します	
	折れ線グラフ	折れ線グラフを作成します	
	階層グラフ	階層グラフを作成します	
	散布図	散布図を作成します	
	円グラフ	円グラフを作成します	
	レーダーチャート	レーダーチャートを作成します	
	アートボード	アートボードを作成・編集します	Shift + O
	スライス	ドラッグした範囲にスライスを作成します	Shift + K
	スライス選択	スライスを選択します	
	手のひら	ドラッグしてドキュメント内を移動表示します	H
	回転ビュー	カンバスの角度を変更します	Shift + H
	プリント分割	プリント分割を調整します	
	ズーム	表示倍率を調整します	Z
	初期設定の塗りと線	初期設定のカラー設定（塗り＝白、線＝黒）に戻します	D
	塗りと線を入れ替え	塗りと線に設定されているカラーを入れ替えます	Shift + X
	塗り／線	クリックで塗り／線が有効になります	X
	カラー	単色カラーをもたない線や塗りに対して、最後に選択した単色を適用します	<
	グラデーション	塗りや線に対し、最後に選択したグラデーションを設定します	>
	なし	選択したオブジェクトの塗りまたは線を削除します	/
	描画方法	標準描画・背景描画・内側描画の3種類から選択します	Shift + D
	スクリーンモードを変更	標準スクリーンモード、メニュー付きフルスクリーンモード、フルスクリーンモードを切り替えます	F
	ツールバーを編集	ツールの追加・削除、新規グループ作成など、ツールバーをカスタマイズします	

Ai

LESSON

01

Illustratorと
画像データの基礎知識

直線や曲線、多角形や楕円形などを自由に描ける

［長方形］ツール、［楕円形］ツール、［多角形］ツールなどの描画ツールを用いて、マウスでドラッグしたり数値を入力したりすることで感覚的および正確に直線や曲線、多角形や楕円形を描くことができます。

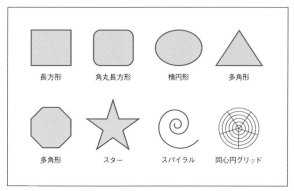

各種描画ツールで描いた図形の例

描いたオブジェクトをさまざまに変形できる

さまざまな描画ツールで描いたオブジェクトは、拡大・縮小、回転、シアー、反転などの変形やパスの一部分の削除といった編集を自由に行うことができます。

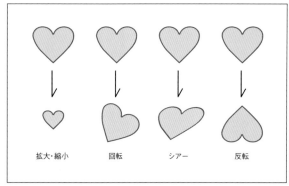

オブジェクトの変形は自由自在

複数のオブジェクトを加工したり規則的に配置したりできる

複数のオブジェクトに対して、規則的に整列、合成や中マドといった操作を簡単に行うことができます。

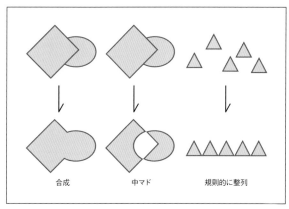

オブジェクトの合成・中マドや整列の例

複数の塗りや線を
1つのオブジェクトに設定できる

Illustratorには、1つのオブジェクトに複数の塗りや線を設定できる「アピアランス」という機能があります。これを利用すれば、単純な構造で見た目が複雑なオブジェクトをつくれます。

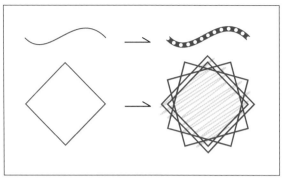

線や塗りを複数設定したアピアランスの例

オブジェクトに適用した「効果」は
何度でも再設定できる

「効果」を用いた変形・加工を適用すると、データ上は単純なオブジェクトのままで複雑に変形したり、ランダムな手書き風味を加えたりできます。また、オブジェクトに適用した「効果」は、何度でも再設定できます。

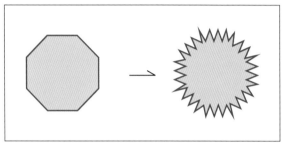

効果の［パスの変形］で［ジグザグ］を適用した例

テキストの入力やレイアウト設定で
思いどおりの文字組にできる

書体 や 行揃え、行間 などを調整して、自分の思いどおりの文字組を表現できます。また、テキストはパスに沿って配置したり、オブジェクトの中に配置したりできます。

Illustratorでの文字組

書体や行揃え、行間などを調整して、自分の思いどおりの文字組を表現できます。また、テキストはパスに沿って配置したり、オブジェクトの中に配置したりできます。

Illustratorでの文字組

書体や行揃え、行間などを調整して、自分の思いどおりの文字組を表現できます。また、テキストはパスに沿って配置したり、オブジェクトの中に配置したりできます。

書体を変更し、タイトルをパスに沿わせた例

写真や画像を配置したり、
配置した画像をトレースできる

写真や画像を配置 して、ベクター画像と組み合わせることができます。また、配置した画像を各種プリセットで 自動的に トレースする機能もあります。

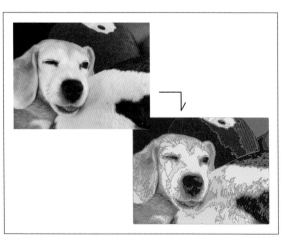

配置した画像に［画像トレース 16色変換］を適用した例

デジタル画像はベクター画像とラスター画像の2種類

私たちがPCで扱うデジタル画像はベクター画像とラスター画像(ビットマップ画像とも呼ぶ)の2種類に大別されます。ベクター画像を扱うソフトウェアの代表格が、本書の主役であるIllustratorで、ラスター画像を扱うソフトウェアの代表格はPhotoshopです。

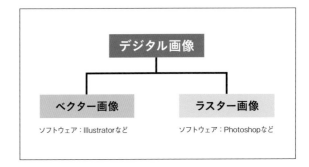

ベクター画像の特徴

ベクター画像の最大の特徴は、拡大・縮小を行っても画質が劣化しないことで、たとえば企業や商品のロゴなど、輪郭をはっきりと描く用途に向いています。また、描かれた図形や線などは、すべて点の情報として記録されるために保存データの容量を少なく抑えられることも特徴です。
一方、写真のような連続した濃淡表現や水彩画のようなぼやけた輪郭などを表現するのには向いていません。

ベクター画像は拡大してもギザギザにならない

ラスター画像の特徴

ラスター画像は格子状に並べられた「ピクセル(pixel)」(または「画素」)と呼ばれる正方形の集合で構成されます。各ピクセルが色情報をもつことで写真のような複雑な色を再現します。
拡大していくとピクセルのギザギザ(ジャギー)が目立ち、ピクセル数を変化させる変形などを行うと画質が劣化します。スマートフォンやデジカメで撮影した画像もビットマップ画像です。

ラスター画像は拡大するとジャギーがより目立つ

デジタル画像の種類	特徴

ベクター画像	● 写真のような微妙に色が変化する画像には向かない
	  ➡ 一定の太さの線、単色やパターンによる塗りつぶしなどが多い画像に向く
	● 拡大表示しても線は滑らかなまま
	● さまざまな変形を加えても画質は劣化しない
	  ➡ 作成後にサイズ変更、変形などをしても品質に影響はない

ラスター画像	● 写真のような微妙に色が変化する画像に向いている
	  ➡ 写真に最適。デジカメ画像もラスター画像
	● 拡大表示するとピクセルが目立つ
	  ➡ 表示またはプリントするサイズが同じ場合、ピクセル数が多い（画像解像度が高い）ほうが品質が高い
	● ピクセル数を変化させる変形で画質が劣化する
	  ➡ 作成後にピクセル数を変化させると品質が落ちる

デジタル画像のカラーモードは RGBとCMYKの2種類

Illustratorでデザインする際に使用するカラーモードは、ディスプレイやテレビで表示するための「RGB」と、商業印刷用の「CMYK」の2種類があります。用途に応じて、カラーモードを選択しましょう。

RGB

RGBは、赤（Red）／緑（Green）／青（Blue）の略称で、これら3色を0〜255の範囲で混ぜることでさまざまな色を表現します。RGBは「光の三原色」と呼ばれ、すべての色を最大値255で混ぜると「白」を表現します。
デジカメやスマートフォンで撮影された画像のカラーモードはRGBです。

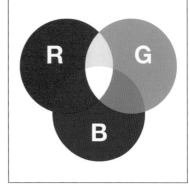

隣り合う色を最大値255で混ぜると、色の三原色に近い色になる

C：G=255+B=255
M：R=255+B=255
Y：R=255+G=255

RGB：光の三原色

CMYK

CMYKは、C=（シアン：Cyan）／M=（マゼンタ：Magenta）／Y=（イエロー：Yellow）／K=（ブラック：Key Plate）の略称です。これら4色を0〜100％の範囲で混ぜることで、さまざまな色を表現します。CMYは「色の三原色」と呼ばれ、すべてを最大値100％で混ぜると理論的には「黒」を表現します。ただ実際には、CMYをすべて100％にして印刷しても「黒」にはならないため、Kを加えたCMYKで表現しています。
雑誌のカラー写真や街角のポスターなど、商業印刷を目的とする画像にはCMYKが使われます。

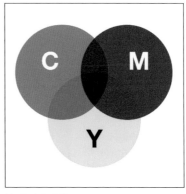

隣り合う色を100％で混ぜると、光の三原色に近い色になる

R：M=100+Y=100
G：C=100+Y=100
B：C=100+M=100

CMYK：色の三原色

Illustratorの起動

Illustratorを起動します。起動方法は一般的なアプリケーションと同じです。

MacでIllustratorを起動する

ファインダーで[アプリケーション]フォルダ内にある「Adobe Illustrator 2022」フォルダを開いたら、「Adobe Illustrator 2022」アイコン(❶)をダブルクリックして起動します。

WindowsでIllustratorを起動する

画面左下にある[スタートボタン](❶)をクリックして[スタートメニュー](❷)を表示させ、[すべてのアプリ]→[Adobe Illustrator 2022](❸)をクリックします。
なお、お使いのOSのバージョンによっては、右に掲げた画面とは表示が異なる場合があります。

Windows11の画面

ここも CHECK!

ラクにIllustratorを起動する方法

MacではDockに[Ai]アイコンを追加すると、Dockの[Ai]アイコンをクリックするだけでIllustratorを起動できます。一方、Windowsではタスクバーにピン留めすると、タスクバーの[Ai]アイコンをクリックするだけでIllustratorを起動できます。

Macでは、「Adobe Illustrator 2022」アイコンをDockまでドラッグします。これでDockにアイコン(❶)が追加され、次回からはワンクリックで起動できます。

Windowsでは、Illustratorを起動後にデスクトップ下部のタスクバーにある[Ai]アイコン(❷)を右クリックし、[タスクバーにピン留めする](❸)を実行します。これでタスクバーに常にアイコンが表示されます。

起動後のホーム画面

Illustratorを起動すると右のスタートアップスクリーンが表示され、ホーム画面が表示されます。

Illustrator 2022 のスタートアップスクリーン

1 右に示した画像が、起動後に表示される<u>ホーム画面</u>です。

ホーム画面の[新規作成]（❶）をクリックすると、[新規ドキュメント]ダイアログが表示され、新たにドキュメントの作成を始めることができます（P.048を参照）。

❷の[開く]は、既存のファイルを開くときにクリックします。また、❸の[プリセットから素早く作成開始]のアイコンをクリックして作成を始めることもできます。

そして❹の[Ai]アイコンをクリックすると、ドキュメント画面に切り替わります。

Illustrator 2022 のホーム画面

2 右の画像は<u>ドキュメント画面</u>です。❺の[ホーム]アイコンをクリックすると、ステップ①で見たホーム画面に戻ります。

ドキュメント画面の各部名称は、P.026〜027を参照してください。

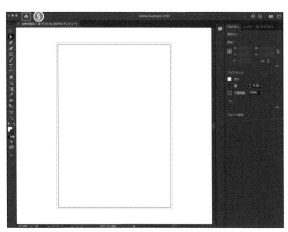

Illustrator 2022 のドキュメント画面

01 LESSON / 04

【画面の各部の名称と役割】
Illustratorの基本画面

Sample Data / No Data

各部の名称と機能

Illustratorを使うにあたっては、どこにどのような
メニューやボタンがあるのかなど、画面の構成を
知っておくことが大切です。

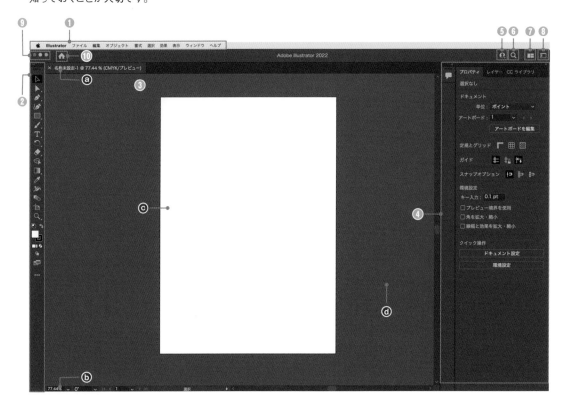

/// Illustrator画面各部の名称

❶メニューバー	カテゴリー別に各種操作コマンドがまとめられている	
❷ツールバー	描画や変形のためのツールがまとめられている	
❸ドキュメントウィンドウ	アートワークを表示し、編集するためのウィンドウ	
❹パネルエリア（ドック）	各種パネルが格納されるスペース	
❺ドキュメントを共有	ドキュメントを共有する相手を招待する	
❻ツールやヘルプなどを検索	調べたい項目などを調べたり、新機能やプラグイン、フォントなどの情報を参照したりできる	
❼ドキュメントレイアウト	開いているドキュメントをグリッドまたはタイル形式で表示する	
❽ワークスペースの切り替え	パネル表示などが異なるさまざまな種類のワークスペースオプションを切り替える	
❾閉じる・最小化・最大化ボタン	左からウインドウを閉じる／最小化／最大化するボタン	
❿ホームボタン	ドキュメント画面からホーム画面を開く	

026

❶ メニューバー

ファイルの保存、オブジェクトの変形、テキストの編集など、カテゴリーごとに コマンド（命令）がまとめられています。メニューの操作方法については、「01-05 メニューとショートカットの使い方」（次項）を参照してください。

❷ ツールバー

描画・選択・修正・変形などを行う ツールがまとめられています。アイコンをクリックするとツールが選択状態となります。ツールバーの使い方については、「01-06 ツールバーの使い方」（P.029）を参照してください。

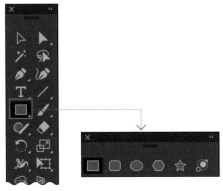

さまざまなツールが収められている

❸ ドキュメントウィンドウ

アートワークを作成するエリアです。ウィンドウ上部にはファイル名やカラーモードなどを示す ドキュメントタブ（ⓐ）が表示されます。ウィンドウ下部には画像の情報を示すステータスバー（ⓑ）が表示されます。また、ⓒは実際にオブジェクト作成を行う アートボード、ⓓはペーストボードやスクラッチエリアと呼ばれる部分です。

❹ パネルエリア（ドック）

作成中のオブジェクトに関する情報の表示、アートワーク編集を効率的に行うための機能、ツールのより詳細な設定項目など、多様な機能が各パネルにまとめられています。パネルの配置や表示・非表示は各自の好みで自由に変更できます。
パネルエリアの操作方法については、「01-07 パネルの操作方法」（P.030）を参照してください。

❺ ドキュメントを共有

アイコンをクリックして、ドキュメントを共有する相手を招待できます。招待するには、ドキュメントをクラウドドキュメントとして保存しておく必要があります。

❻ ツールやヘルプなどを検索

ツールに関することなど、調べたい項目を入力して検索できます。また、新機能を参照したり、ユーザーガイド、プラグイン、フォントなどについてのリソースリンクに飛ぶことができます。

❼ ドキュメントレイアウト

開いているすべてのドキュメントをグリッドまたはタイル形式で表示します。グリッドやタイルの形状は以下のとおりです。

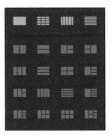

❽ ワークスペースの切り替え

［web］［プリントと校正］など各種 ワークスペースが用意されており、ここで切り替えることができます（画像参照）。前ページの画面は［初期設定］ワークスペースです。表示するパネルの種類やその位置など、自分好みのワークスペースを作成して保存しておくこともできます。

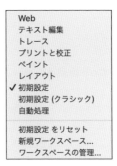

❾ 閉じる・最小化・最大化ボタン

左からウィンドウの［閉じる］、［最小化］、［最大化］のボタンです。Windows版はウィンドウ右上にあり、［閉じる］（［×］）ボタンはIllustratorを終了する際に使えます。

❿ ホームボタン

この 🏠 ボタンをクリックすると、ドキュメント画面からホーム画面に戻ることができます。

01
LESSON / 05

【メニュー操作とショートカット】
メニューとショートカットの使い方

Sample Data / No Data

メニューを操作する

デスクトップの上部に表示される**メニュー**は、似た機能ごとにグループにまとめられています。メニューの操作方法は、さまざまなソフトウェアで共通です。

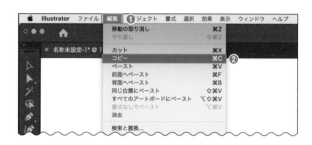

1　メニューバーの[編集]（❶）をクリックし、プルダウンで表示されるコマンドから[コピー]（❷）を選択します。オブジェクト上の見た目は変化しませんが、選択したオブジェクトや文字列がコピーされます。

2　次に[編集]メニューの[検索と置換...]（❸）を選んでみましょう。[検索と置換]ダイアログ（❹）が表示されます。
メニュー項目の末尾に「...」があるものは、メニュー実行後にダイアログが表示されることを意味します。たとえば[検索と置換]ダイアログでは、検索や置換の文字列を入力して操作を行い、[完了]（❺）をクリックすることで一連の操作が終了します。

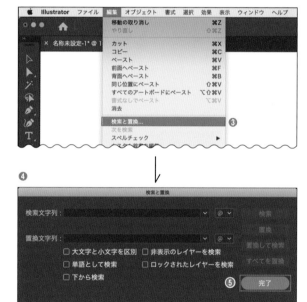

ショートカットを使う

Illustratorでは、多くのコマンドに**ショートカット**が割り当てられています。たとえば[ファイル]メニューには《 ⌘ N 》などさまざまなショートカット（❻）が表示されています。これらのショートカットを使うことで、いちいちメニューから選ぶ必要はなくなります。
また、[編集]メニュー→[キーボードショートカット]（❼）を実行すると、[キーボードショートカット]**ダイアログ**（❽）が表示されます。ここで自由にショートカットを変更したり、割り当てがないコマンドにショートカットを設定したりできます。新たに設定したショートカットは、独自のセットとして保存しておくとよいでしょう。

ショートカットの表示

ツールバーは使いやすくしておく

ツールバーは常に表示しておくものなので、列の数や表示するツールの種類などは自分が使いやすいようにしておきましょう。

ツールバーの列数を変更する

ツールバー上端の二重の矢印 ≫ ≪ をクリックして、1列／2列を切り替えます。

ツールの選択

ツールの選択はクリックするだけです。カーソルをツール上に置いておくとアニメーションつきの「リッチツールヒント」が表示されます（❶）。この表示がわずらわしい場合は[Illustrator]→[環境設定]→[一般]→[リッチツールヒントを表示]のチェックを外すと通常の「ツールヒント」の表示になります（❷）。ポップアップ表示されるツール名の末尾にある「(P)」は、ショートカットです。

ツールの切り離し

右下の白い三角形はツールグループを意味し、ツール上でマウスを長押しするとほかのツールが表示されます（❸）。次に、右側にある小さな三角形をクリックします（❹）。この操作で、ツールが別パネルに切り離されます（❺）。元に戻す場合は、パネルの[閉じる]をクリックします（❻）。

ツールバーのカスタマイズ

[ツールバーを編集]（❼）をクリックすると、ツールがドロワーに一覧表示されます（❽）。ツールを追加する場合はドロワーからツールバーにドラッグし、削除する場合はツールバーからドロワーにドラッグします。ツールグループとして追加する場合は shift キーで複数のツールを選択してツールバーにドラッグします。
また、ポップアップメニューから[詳細]（❾）を選ぶと、すべてのツールがツールバーに表示されます。

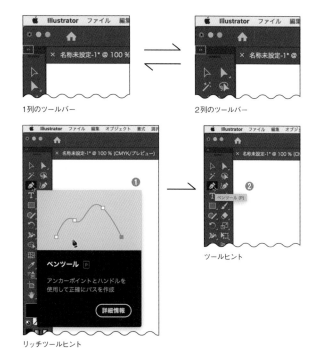

1列のツールバー　　　2列のツールバー

ツールヒント

リッチツールヒント

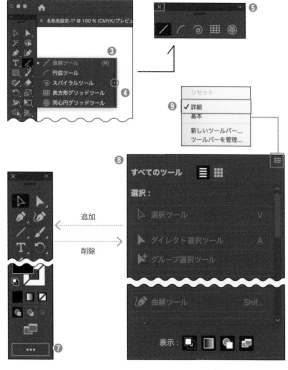

追加

削除

【パネルの表示／非表示など】
パネルの操作方法

パネルの種類と表示／非表示

Illustratorには40種類ものパネルがあります。この中から必要なパネルを必要に応じて表示させて使用します。使用頻度が高いパネルは、常に表示しておくと便利です。

1 [ウィンドウ]メニューを表示します。ここでパネル名の一覧を確認できます（❶）。項目の左のチェックマークは、パネルが表示されていることを示します（❷）。❸はこの例で表示されているパネルです。

2 パネルを表示したいときは、[ウィンドウ]メニューで該当するパネル名をクリックします。表示されているパネルを非表示にする（閉じる）場合も、[ウィンドウ]メニューで非表示にしたいパネル名を選びます。または、パネルの左上にある⊠をクリックします。

パネルの表示／非表示

[tab]キーを押すと、すべてのパネルを一時的に隠すことができます。再度表示させたい場合は、もう一度[tab]キーを押します。

パネル各部の名称と機能

パネルにはパネルメニューがあり、またパネル下部にはアイコンが並んでいるものもあります。

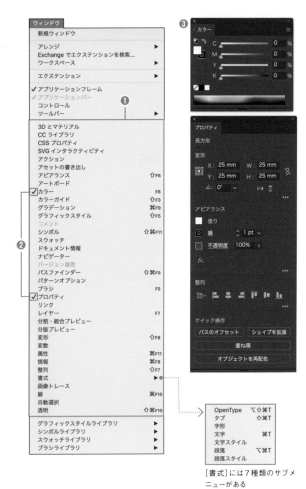

[書式]には7種類のサブメニューがある

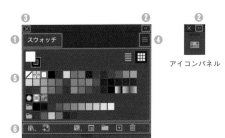

展開されたパネル
アイコンパネル

パネル各部の名称と機能

部 位	機 能
❶ パネルタブ	パネル名を表示する
❷ アイコンパネル化／パネルの展開	クリックで、パネルをアイコンパネル化／展開する
❸ パネルを閉じる	クリックでパネルが閉じる
❹ パネルメニュー表示	クリックするとパネルメニューを表示する。メニューはパネルによって異なる
❺ パネルの主要エリア	パネルごとに使い方、内容は異なる
❻ パネル下部のアイコン	パネルに関連する操作で使用頻度が高い機能がアイコンとしてまとめられている。パネルによって機能は異なる。アイコンのないパネルもある

パネルグループの操作

複数のパネルが集められているものを パネルグループ といいます。どのパネルをグループにするかは、好みに応じて自由に変更できます。

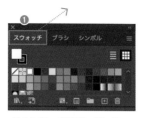

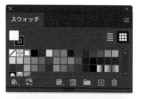

パネルグループからの独立

パネルを単体で独立させるには、パネルのタブ（**❶**）をパネルグループの外側へドラッグします。

パネルをグループの外側へドラッグ

パネルが独立する

パネルグループへの追加

パネルグループにパネルを追加する場合は、タブ（**❷**）をパネルグループの中にドラッグします。ドラッグしたパネルの周りに青色の線が表示されたら、マウスボタンをはなします。

パネルをグループの中へドラッグ

パネルの連結と切り離し

自分の好みに応じて、パネル同士を 連結 させたり、切り離し たりすることができます。

四辺へドラッグ

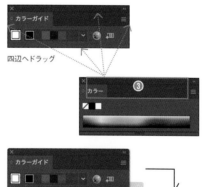

パネルの連結

パネルの連結は、パネルの**❸**の部分をドラッグして、連結したいパネルの上下左右いずれかの辺に重ねます。
たとえばパネルの下辺に重ねると、青色の線が表示されるので（**❹**）、そこでマウスボタンをはなすと連結されます（**❺**）。

パネルの切り離し

パネルの切り離しは、パネルの**❻**の部分をパネルの外へドラッグします。

01
LESSON / 08

【ドックの操作方法】
ドックの使い方

Sample Data / No Data

ワークスペースとドックの表示

Illustratorの画面右端のドックには、各種パネルが収納されています。たとえばワークスペースの[プリントと校正](①)を選ぶと、②のようにパネルが表示されます。このドックの表示は、選ぶワークスペースによって異なります。
ワークスペースによってどのようなパネルが表示されるようになるか、試しに選んでみるといいでしょう。

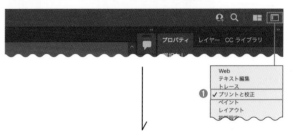

パネルのアイコン化／展開

[アイコンパネル化]（ ■ ③）をクリックすると、アイコンに戻ります。[パネルを展開]（ ■ ④）をクリックすると、収納されているパネルが展開します。

使うパネルだけを展開する

使うパネルを単独で展開することもできます。
たとえば[カラー]パネルのアイコン（⑤）をクリックすると、パネルが展開されます（⑥）。
再びアイコン化するには、パネル右上の ■ （⑦）かパネルのアイコン（⑧）を再びクリックします。

アイコン化パネルの幅を変更する

ドックの左端の境界線（⑨）をドラッグすると、アイコン化パネルの幅を変更できます（⑩）。
2列になったドックの場合は、列ごとにサイズの変更をすることができます。

パネルを独立させる

アイコン化パネルのグリップバー（⑪）をドックの外部にドラッグすると、そのままアイコン化パネルが独立したフローティングパネルになります（⑫）。
展開したパネルの場合は、パネルのタブ領域（⑬）をドックの外部にドラッグします（⑭）。

ドックにパネルを格納する

アイコン化パネルのグリップバー（⑮）や展開したパネルのタブ領域をドックにドラッグします。パネルの挿入場所が青色の線（⑯）で表示されるので、好みの位置でマウスをはなします。

パネルにはどんな種類があるか

主なパネルとその機能

ここでは、数あるIllustratorのパネルのうち、主なものを紹介します。

カラー
オブジェクトの[塗り][線]に対して色を指定します。
❖ [カラー]パネル ⇨ P.138

カラーガイド
現在のカラーと調和するカラーを表示します。
❖ [カラーガイド]パネル ⇨ P.139

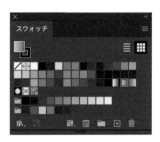

スウォッチ
作成したカラー、パターン、グラデーションの登録や管理をします。
❖ [スウォッチ]パネル ⇨ P.138

グラデーション
現在のグラデーションのカラーとタイプが表示され、色の変更や分岐点の追加などができます。
❖ [グラデーション]パネル ⇨ P.139

アピアランス
アピアランスとはオブジェクトの外観。1つのオブジェクトに複数の塗りや線を設定できます。
❖ [アピアランス]パネル ⇨ P.156

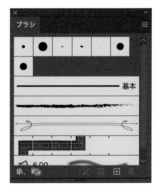

ブラシ
プリセットで用意されている各種ブラシが使えるほか、オブジェクトをブラシとして登録できます。
❖ [ブラシ]パネル ⇨ P.210〜212

シンボル
オブジェクトをシンボルに登録すると、何度でも使えます。
❖ [シンボル]パネル ⇨ P.202

アートボード
アートボードの追加、並べ替え、再配置および削除をします。

グラフィックスタイル
アピアランスのセットを作成・保存し、適用することができます。
❖ [グラフィックスタイル]パネル ⇨ P.200

▲ 文字

テキストオブジェクトのフォントや
サイズの指定、行間や字間の調整を
行えます。
❖［文字］パネル ➡ P.166〜169

¶ 段落

テキストオブジェクトの左／右揃え
といった行揃えをはじめ、左右の空
き（インデント）などを設定します。
❖［段落］パネル ➡ P.170

◐ 透明

オブジェクトの不透明度と描画モード
を指定したり、不透明マスクを作成し
たりできます。
❖［透明］パネル ➡ P.196

ⒶA 文字スタイル

文字書式の属性をスタイルにしたも
ので、選択したテキスト範囲に適用
できます。
❖［文字スタイル］パネル ➡ P.172

ⒶA 段落スタイル

文字書式と段落書式の両方の属性
をスタイルにしたもので、段落ごと
に適用できます。
❖［段落スタイル］パネル ➡ P.172

◆ レイヤー

レイヤーの追加・削除のほか、不
透明度の変更などを行います。
❖［レイヤー］パネル ➡ P.064

■ パスファインダー

複数のオブジェクトに対して型
抜きや合体、分割、中マドなど
を行います。
❖［パスファインダー］パネル ➡ P.124

≡ 線

線幅、線端の形を設定したり、点線
や破線を自由に設定したりできます。
❖［線］パネル ➡ P.152

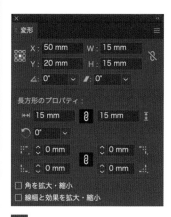

⊞ 変形

オブジェクトのサイズ・座標変更、
回転・シアーなどを行います。
❖［変形］パネル ➡ P.105

⠿ 整列

複数のオブジェクトに対して均
等に分布させたり、基準を指定
して整列させたりできます。
❖［整列］パネル ➡ P.118

プロパティ

選択中のオブジェクトによって「変形」や「アピアランス」といった設定項目が変わります。上の画像は15mmの正方形オブジェクトを選択したときの表示です。

❖[プロパティ]パネル ➡ P.105

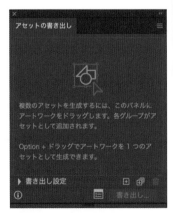

アセットの書き出し

Illustratorのベクター画像からWeb用のラスター画像を書き出すためのパネルです。倍率や画像形式などを設定できます。

分版プレビュー

作成したアートワークに使用されているCMYKに加えて、特色などのすべての色を版ごとにチェックできます。

❖[分版プレビュー]パネル ➡ P.226

3Dとマテリアル

平面のアートワークに「押し出し」や「回転体」といった3D効果を適用するパネルです。

❖[3Dとマテリアル]パネル ➡ P.192

リンク

配置した画像の情報を見たり、画像の埋め込みやリンクの再設定などができます。

❖[リンク]パネル ➡ P.132

CCライブラリ

カラー、カラーテーマ、文字スタイル、グラフィックなどのアセットを集めることができ、それらをほかのユーザーと共有することもできます。

❖[CCライブラリ]パネル ➡ P.043

アクション

アクションとは、単一または複数のファイルに対して実行される、一連のメニューやツールなどの操作を行う機能です。

Ai

LESSON

02

Creative Cloudを
活用する

【CC のアプリケーション】
Creative Cloud のアプリケーション

Creative Cloudとは

Adobe Creative Cloud（以下CC）とは、IllustratorやPhotoshopなどのクリエイティブツールを利用することができるサブスクリプションです。CCにはいくつかのプランがありますが、ここでは「コンプリートプラン」で提供されているサービスについて解説します。

> Illustratorを使いたい場合は「コンプリートプラン」「フォトプラン」「単体プラン」のいずれかの契約が必要になります。なお、各プランの詳細や価格については、Adobe社のWebサイトでご確認ください。

CCコンプリートプランで使用できるアプリケーション

すでにサブスクリプション契約をしてIllustratorをインストールしている場合、CCのサービスはデスクトップ右上に表示されている［Creative Cloud］アイコンから確認できます。

1 デスクトップ右上（Mac）やデスクトップ上（Windows）に表示されている［Creative Cloud］アイコン（❶）をクリックして、CCアプリを起動します。

Macintosh　　　　　　　　　　　　　Windows

2 ［アップデート］の画面が表示されます（❷）。各アプリのアップデートがある場合は、ここでアップデートを行います。

アプリケーション ファイル もっと知る Stock とマーケットプレイス		🔍 *f* 🔔 ☁ 😀

アプリ

::: すべてのアプリ

🔁 アップデート

カテゴリ

🎨 Creative Cloud Express

📷 写真

✒ グラフィックデザイン

🎬 ビデオ

✏ イラスト

💻 UI & UX

🎲 3D と AR

🎵 Acrobat と PDF

🖼 ベータ版アプリケーション

リソース リンク

St Stock

アップデート ❷　　　　　　　　　　⬇ すべてアップデート 🔁 アップデートを確認する

最近更新されたアプリケーション

Ps	**Photoshop** v 23.1 本日更新	このアップデートには、不具合の修正、安定性の強化、クラウドドキュメント使用時の操作性の向上が含まれます。 詳細を表示	開く
Ai	**Illustrator** v 26.0.2 20 日前に更新	Illustrator: この最新アップデートには、Illustrator の安定性に関する修正が含まれています。	開く
Pr	**Premiere Pro** v 22.1.2 13 日前に更新	Premiere Pro は、テキストとグラフィックの改善および新しいハードウェアアクセラレーション機能を導入します。	開く
Me	**Media Encoder** v 22.1.1 22 日前に更新	Adobe Media Encoder は重要なバグ修正を提供します。これはすべてのユーザーに推奨されるものです。	開く
🔄	**Camera Raw** v 14.1 22 日前に更新	Photoshop Camera Raw 14.1 アップデート: Photoshop に同梱されている Camera Raw プラグインに更新します。 新しいカメラモデル対応の R... 詳細を表示	

3 ┃ ［すべてのアプリ］（❸）をクリックすると、
インストール済みのアプリと利用可能なア
プリが表示されます。

4 ┃ ［デスクトップ］［モバイル］［Web］のタブ
（❹）で切り替えて、それぞれで利用可能な
アプリを確認することもできます。

LESSON

02

Creative Cloud を活用する

【クラウドドキュメント】
クラウドドキュメントの管理と共有

CCのクラウドサービス

CCを契約すると、さまざまなクラウドサービスを利用することができます。ここでは、リモートワークや共同作業に便利な クラウドドキュメントについて解説します。

クラウドドキュメントとは

Illustratorで編集したファイルを新規（または別名）保存しようとすると、保存先を「コンピューター」か「Creative Cloud」のどちらか選択する画面が表示されます（❶）。このとき[Creative Cloudに保存]（❷）を選ぶと、❸のダイアログが表示され、CCのクラウドストレージ上に保存されます。なお、[コンピューターに保存]を選ぶと、❹のダイアログでPC本体に保存されます。
クラウドドキュメントとして保存されたファイルは、iPadやスマートフォンなど、ほかのデバイスからアクセスし閲覧・編集ができます。

ここも CHECK!

クラウドドキュメントのメリット

クラウドドキュメントとして保存されたファイルはクラウド内に保存されています。そのため、互換性のあるアプリを入れたPCやiPadなどからアクセスして作業することが可能です。複数のデバイスを使っている人やリモートワークの際には便利な機能です。作業中は自動的にクラウドに保存されるので、リアルタイムで複数人で共同作業も可能です。また、デバイスでファイルを開いた後、オフラインで作業しても、再接続すればオフラインバージョンが自動的に同期されます。

クラウドドキュメントの管理

クラウドドキュメントの管理は[Creative Cloud]
画面からできます。

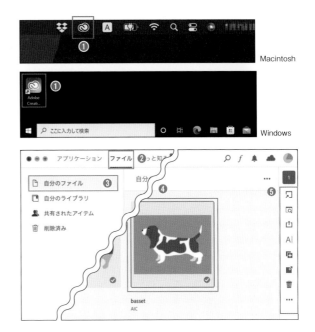

Macintosh

Windows

1　[Creative Cloud]アイコン（❶）をクリックして、CCアプリを起動します。

2　[ファイル]タブ（❷）→[自分のファイル]（❸）をクリックすると、保存されているクラウドドキュメントを確認できます。

3　ファイルを選択すると（❹）、画面右にアイコン（❺）が表示され、移動・削除・ダウンロード等の作業ができます。

クラウドドキュメントの共有

クラウドドキュメントは、ほかのユーザーと共有することができます。

1　ファイルを選択し、[共有]ボタン（❶）をクリックします。

2　[編集ユーザーを招待]に共有したい人のメールアドレスを入力して招待すると、ドキュメントを共有することができます（❷）。

> 共有したクラウドドキュメントは、作成者以外でも、共有者全員で画像を直接Illustratorで開いて編集作業できるようになります。

以前のバージョンに戻す

自動保存されたクラウドドキュメントを以前のバージョンに戻す方法を紹介します。

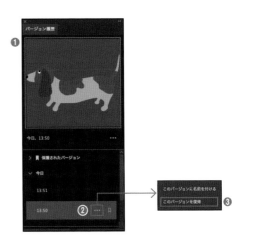

1　クラウドドキュメントを開き、[ウインドウ]メニュー→[バージョン履歴]をクリックします。

2　[バージョン履歴]パネルで戻りたい日時をクリックします。サムネール（❶）で内容を確認し、[…]（❷）をクリックして、[このバージョンを復帰]（❸）をクリックします。

クラウドストレージの使い方

クラウドストレージとは

クラウドストレージとは、データを格納するためにインターネット上に設置された場所のことで、オンラインストレージとも呼ばれます。CCユーザーはAdobe社が提供しているクラウドストレージを利用することができます。

> 利用できるストレージ容量はプランによって異なります。

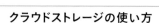

Macintosh　　　　Windows

クラウドストレージの使い方

1　[Creative Cloud]アイコン（❶）をクリックして、CCアプリを起動します。[ファイル]タブ（❷）をクリックし、[同期フォルダーを開く]（❸）をクリックします。

2　[Creative Cloud Files]が開きます（❹）。ここにファイルやフォルダー等をドラッグ&ドロップすることでデータを保存しておくことができます。

ストレージ空き容量とステータスの確認

1　CCアプリ画面右上のクラウドアイコン（❶）をクリックすると、ストレージの空き容量とCreative Cloudの同期ステータスが表示されます（❷）。

【CCライブラリ】

CCライブラリの活用方法

Creative Cloudライブラリとは

Creative Cloudライブラリ（以下、CCライブラリ）とは、オブジェクトやカラーなどの情報をクラウドに登録しておけるライブラリ機能です。よく使う素材をCCライブラリに登録しておけば、どのアプリケーションからも簡単にアクセスして使うことができます。

CCライブラリのメリット

デザインワークを行う際、Photoshopで作成した画像をIllustratorで使うなど、複数のアプリで同じ素材を使うことがあります。通常であれば、Photoshopでデータを書き出し保存し、それをIllustratorで読み込むという作業が必要ですが、ライブラリにデータを保存しておけば、異なるAdobeアプリ間でもデータにアクセスして使うことができます。もちろん、同じアカウントを使っているほかのデバイスからもアクセスすることができます。

また、作成したライブラリはほかのユーザーと共有することもできます。複数人で共同作業をするときには、あらかじめ素材データをライブラリにまとめておくと効率よく作業を進めることができます。

01 一人で使う場合も！

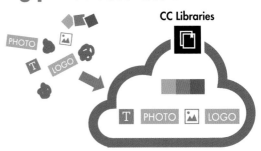

02 どのアプリケーションでも！

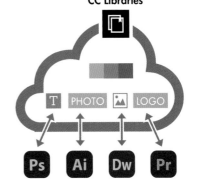

03 みんなと共有して共同作業！

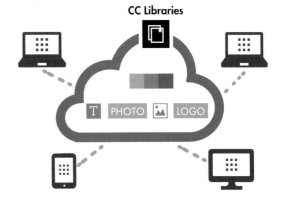

Illustratorで作成したロゴを
CCライブラリに登録する

Illustratorで作成したロゴを[CCライブラリ]に登録する方法を紹介します。なお、Photoshop等、ほかのアプリの場合も操作は同じです。

1　Illustratorでロゴを作成します（❶）。[CCライブラリ]パネルを開き、登録したいデータをドラッグ&ドロップします（❷）。

確認画面が表示されたら、内容を確認し[OK]をクリックしてください。

2　ロゴが[CCライブラリ]に登録されました（❸）。

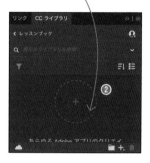

CCライブラリに登録された素材を
Photoshopで使う

先ほどIllustratorから[CCライブラリ]に登録したロゴをPhotoshopで使う方法を紹介します。なお、Illustrator等、ほかのアプリで使用する場合も操作は同じです。

1　Photoshopを起動し、新規画像を作成します。[CCライブラリ]パネルを確認すると、先ほど登録したロゴが表示されています。

2　ロゴをアートワーク上にドラッグ&ドロップします（❶）。確認画面が表示された内容を確認して[OK]をクリックします（❷）。

3　アートワーク上にロゴが配置されました（❸）。

CCアプリから素材を登録する

たくさんの素材を使用するデザインワークの場合
は、CCアプリからまとめてライブラリに素材デー
タを登録しておくと、作業をスムーズに進めるこ
とができます。

1 ［Creative Cloud］アイコンをクリックして
CCアプリを起動します。［ファイル］タブ
（❶）→［自分のライブラリ］（❷）をクリック
します。

2 素材を保存しておきたいライブラリを開き
ます（❸）。新しいライブラリを作成したい
場合は［新規ライブラリ］（❹）をクリックし
て、ライブラリを作成します。

3 デスクトップ等から素材データをドラッグ
＆ドロップして、ファイルを追加します
（❺）。

4 ［グループを作成］（❻）をクリックすると、
ライブラリ内にグループを作成してデータ
を仕分けすることができます。

ライブラリの編集と共有

ライブラリは、ほかのユーザーと共有することが
できます。チームで作業する場合はライブラリを
共有しておくと作業効率化につながります。

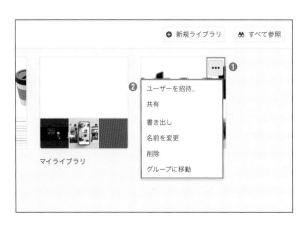

1 ライブラリ上にマウスホバーすると❶が表
示されます。ここをクリックすると❷のメ
ニューが表示され、ライブラリの編集を
行ったり、ほかのユーザーと共有したりす
ることができます。

【Adobe Stock、Adobe Fonts】

Adobe Stock と Adobe Fonts

Sample Data / No Data

Adobe Stockとは

Adobe Stockとは、Adobe社が提供するストック素材サービスのことです。写真やイラスト、ビデオ、3D素材、テンプレートなど、クリエイティブに役立つさまざまなデータが提供されています。

Adobe Stock
https://stock.adobe.com/jp

提供されている素材は有料・無料さまざまです。

CCアプリの［Stockとマーケットプレイス］からもアクセスできる

Adobe Fontsとは

Adobe Fontsとは、Adobe社が提供するフォントサービスのことで、CCユーザーであれば追加料金なしで利用できるサービスです。使いたいフォントを選んで、アクティベートすると使うことができるようになります。

Adobe Fonts
https://fonts.adobe.com/

Ai

LESSON

03

はじめてのIllustrator

03
LESSON / 01

【ドキュメントの新規作成】
新規ドキュメントを作成する

Sample Data / No Data

ホーム画面から
新規ファイルを作成する

新規ドキュメントの作成は、起動時に表示される
ホーム画面から簡単に行うことができます。

1 右の画像が、起動時に表示されるホーム
画面です。この画面にある[新規作成]ボタ
ン(**❶**)をクリックします。また、[ファイル]
メニュー→[新規]を選択しても同じです
(**❷**)。ショートカットは、《 Ctrl + N 》です。
❸の[開く]ボタンは、既存のファイルを開
くときにクリックします。

2 [新規ドキュメント]ダイアログが表示され
ます(**❹**)。ここで、[モバイル]〜[アートと
イラスト]の5種類のタブから[印刷]をクリ
ックしましょう(**❺**)。次に、表示されるプ
リセットから[A4] (**❻**)をクリックすると、
アートボードサイズ・方向・アートボードの
数・カラーモードなどが[プリセットの詳細]
(**❼**)に表示されます。
最後に、[作成]ボタン(**❽**)をクリックしま
す。

3 前のステップで設定したアートボードの大
きさや数に基づいて、新規ドキュメントが
開きます(**❾**)。

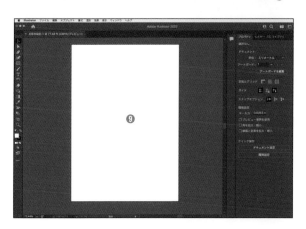

03
LESSON / 02 【アートボードのサイズ変更】
作業スペースのサイズを変更する

Sample Data / No Data

アートボードツールで
アートボードのサイズを変更する

[アートボード]ツールを使うことで、設定後もアートボードの大きさを変更したり、複数ある場合は削除や並び方を変更したりすることができます。

1　ドキュメントを開いている状態で[アートボード]ツール(❶)を選択すると、アートボードが❷のようにサイズを編集できる表示になります。

2　[アートボード]ツールでドラッグすることで、アートボードの大きさを感覚的に変更できます(❸)。
アートボードが複数ある場合(❹)、選択した状態で delete キーを押すと、アートボードを削除できます(❺)。

3　[アートボード]ツール(❻)をダブルクリックすると、[アートボードオプション]ダイアログが表示されます(❼)。
このダイアログでは、ドラッグによる感覚的な操作ではなく、数値指定でアートボードの大きさや表示方法を変更することができます。

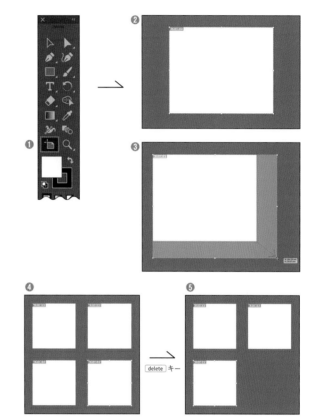

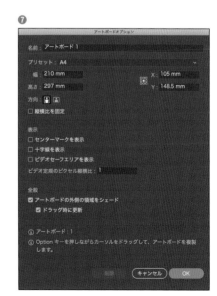

ダブルクリック

LESSON

はじめての Illustrator

ファイルを保存する

アートワークを「AI形式」「PDF形式」「EPS形式」
で保存する方法を見ていきます。

1 [ファイル]メニュー→[保存]を選択します
（❶）。[別名で保存]ダイアログが表示され
ます（❸）。
保存済みのファイルを開いて編集後に保
存する場合は、ダイアログは表示されませ
ん。異なるファイル名や異なる形式で保存
する場合は、[ファイル]メニュー→[別名
で保存]を選択します（❷）。

Adobe Illustrator（ai）形式での保存

2 [別名で保存]ダイアログで、ファイルの保
存先を選択したら、[ファイル名]（❹）を入
力します。
次に、[ファイル形式]のプルダウンメニュ
ーから[Adobe Illustrator（ai）]を選択し
（❺）、[保存]（❻）をクリックします。

3 [Illustratorオプション]ダイアログが表示
されます（❼）。[バージョン]のポップアッ
プメニュー（❽）から、互換性を持たせたい
Illustratorのバージョンを選択し、[OK]（❾）
をクリックします。

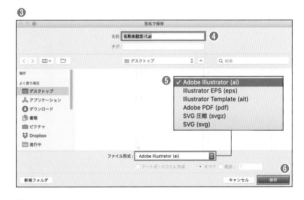

[Illustratorオプション]ダイアログの[PDF互換
ファイルを作成]オプションにチェックを入れて保
存すると、PhotoshopやAcrobatでも開けるファ
イルとして保存されます。

Adobe PDF（pdf）形式での保存

2 ［ファイル名］（④）を入力したら、［ファイル形式］のプルダウンメニューから［Adobe PDF（pdf）］を選択し（⑤）、［保存］（⑥）をクリックします。

3 ［Adobe PDFを保存］ダイアログが表示されます（⑦）。さまざまな設定項目がありますが、一般的にそのまま［PDFを保存］（⑧）をクリックして大丈夫です。
データの受け渡しなどで印刷会社などから指示がある場合は、［Adobe PDF プリセット］のポップアップメニュー（⑨）から適切なものを選択します。

> PDF形式で保存する際、［Adobe PDFを保存］ダイアログの［Illustratorの編集機能を保持］オプションにチェックを入れて保存すると、PDFをIllustratorで開いて編集することができます。

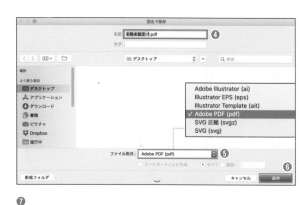
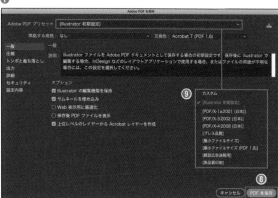

Illustrator EPS（eps）形式での保存

2 ［ファイル名］（④）を入力したら、［ファイル形式］のプルダウンメニューから［Illustrator EPS（eps）］を選択し（⑤）、［保存］（⑥）をクリックします。

3 ［EPSオプション］ダイアログが表示されます（⑦）。次に、［バージョン］のポップアップメニュー（⑧）から、互換性を持たせたいIllustratorのバージョンを選択し、［OK］（⑨）をクリックします。

各形式の特徴

AI形式	Illustratorのネイティブ形式。さまざまな機能を使用して制作したアーワークを完全に保存できる。ユーザー間でバージョンが異なると正しく表示されないことがある。
PDF形式	Acrobat Readerがあればどんな環境でも閲覧でき、データも軽く扱いやすい。印刷会社への入稿はPDF形式が主流になりつつある。データを再編集する用途には向かない。
EPS形式	汎用性が高いデータで、配置画像や入稿データの形式として以前から使われている。場合によっては透過効果が再現できないこともある。

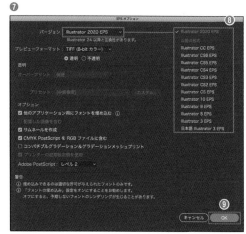

LESSON **03**　はじめてのIllustrator

アートワークを画像として書き出す

Illustratorで作成したデータは、PSDやJPGなど、Illustrator形式ではないほかのさまざまな形式に書き出すことができます。

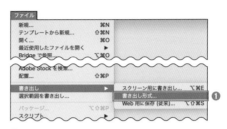

1 [ファイル]メニュー→[書き出し]→[書き出し形式](①)を選択します。[書き出し]ダイアログが表示されます(②)。

2 ファイルの保存先を選択したら、[ファイル名](③)を入力します。
次に、[ファイル形式](④)から書き出したい形式、ここでは「Photoshop (psd)」を選択し、[書き出し](⑤)をクリックします。

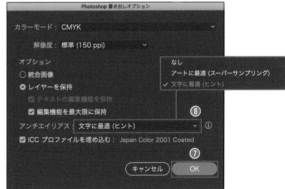

3 書き出すファイル形式によっては、右の画像のようなオプションダイアログが表示されることがあります。⑥は[ファイル形式]の[Photoshop (psd)]を選んで表示されるダイアログです。ここで各種設定を行い、[OK](⑦)をクリックします。
また、書き出しのできるファイル形式は、使用しているOSやIllustratorのバージョンによって異なります。
なお、書き出しオプションの[アンチエイリアス]は「文字に最適」か「アートに最適」を選択しましょう(⑧)。「なし」を選ぶと、文字の部分のギザギザ(ジャギー)が目立ってしまいます。

[Photoshop書き出しオプション]ダイアログの[レイヤーを保持]オプションにチェックを入れて保存すると、Illustratorで設定したレイヤー構造をそのまま保持して書き出すことができます。

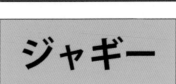

アンチエイリアス:文字に最適

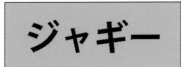

アンチエイリアス:オフ

【ズームツールやマウスホイールでの拡大・縮小】
画面表示を拡大・縮小する

Sample Data / No Data

画面表示の拡大・縮小

画面表示の拡大・縮小のしかたを紹介します。いくつかの方法があるので効率のよい方法を選んで使い分けましょう。

[ズーム]ツールで拡大・縮小表示する

1 画像の一部を拡大表示するには[ズーム]ツールを使います。[ツール]パネルの[ズーム]ツール(①)をクリックして選択します。

2 アートワークの拡大したい場所(②)でクリックすると、クリックした部分を中心に表示が拡大します(③)。
縮小する場合は、[ズーム]ツールを選択した状態で option キーを押します。カーソルが[＋]から[－]に変化します(④)。

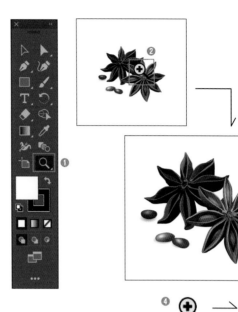

④ option キー

メニューで拡大・縮小表示する

1 [表示]メニューには画像表示に関する機能があります(⑤)。

表示	
CPU で表示	⌘E
ズームイン	⌘+ ⑤
ズームアウト	⌘-
アートボードを全体表示	⌘0
すべてのアートボードを全体表示	⌥⌘0
透明グリッドを表示	⇧⌘D
100% 表示	⌘1
ライブペイントの隙間を表示	

2 それぞれショートカットが設定されているので、キーボード操作だけで拡大・縮小表示できます(右表参照)。

画面表示に関するショートカット

コマンド	ショートカット
ズームイン(拡大)	⌘ ＋ ＋
ズームアウト(縮小)	⌘ ＋ －
アートボードを全体表示	⌘ ＋ 0
すべてのアートボードを全体表示	option ＋ ⌘ ＋ 0
100%表示	⌘ ＋ 1

マウスホイールで拡大・縮小表示する

マウスのホイールでも拡大・縮小表示ができます。拡大表示するときは option ＋ホイールを上方向(⑥)、縮小表示するときは option ＋ホイールを下方向(⑦)です。

⑥ option ＋ 拡大表示　⑦ option ＋ 縮小表示

03 / 06

LESSON

【コピー&ペーストのやり方】
コピー&ペーストを覚える

Sample Data / No Data

コピー&ペーストは必須の操作

オブジェクトをコピー／カットしてペーストする
作業は、Illustratorでアートワークを制作する過
程で必須の作業です。

さまざまなコピー&ペースト操作

1 [編集]メニューにはコピー&ペーストに関
するコマンドが並んでいます（❶）。

2 それぞれにショートカットが割り当てられ
ているので、実際の作業ではショートカッ
トで行えるように覚えておくとよいでしょう
（右表❷参照）。

編集	
文字入力の取り消し	⌘Z
やり直し	⇧⌘Z
カット	⌘X
コピー	⌘C
ペースト	⌘V
前面へペースト	⌘F
背面へペースト	⌘B
同じ位置にペースト	⇧⌘V
すべてのアートボードにペースト	⌥⇧⌘V
書式なしペースト	⌥⌘V
消去	

❶

コピー&ペースト系コマンドのショートカット　❷

コマンド	ショートカット
カット	⌘ + X
コピー	⌘ + C
ペースト	⌘ + V
前面へペースト	⌘ + F
背面へペースト	⌘ + B
同じ位置にペースト	shift + ⌘ + V
すべてのアートボードにペースト	option + shift + ⌘ + V
書式なしでペースト	option + ⌘ + V

3 オブジェクトをコピー《 ⌘ + C 》あるいは
カット《 ⌘ + X 》し、そのままペースト
《 ⌘ + V 》した場合、ペーストされる場
所はドキュメントウィンドウの中央です。
たとえば、❸のオブジェクトをコピーして
ペーストすると、❹のようになります。
同じ位置にペーストしたい場合は、前面へ
ペースト《 ⌘ + F 》や同じ位置にペース
ト《 shift + ⌘ + V 》を選びましょう。

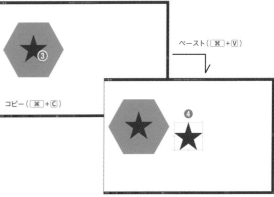

ペースト（ ⌘ + V ）

コピー（ ⌘ + C ）

ドキュメントウィンドウの中央にペーストされる

option キーを押しながらドラッグコピー

[選択]ツールでオブジェクトを選択し、option
キーを押しながらドラッグすると、簡単に複製で
きます。たとえば右の画像のように、❺のオブジ
ェクトを選択し、option キーを押しながらドラッ
グすると、❻のようにオブジェクトが複製されま
す。

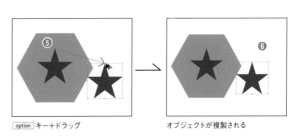

option キー＋ドラッグ　　　　　オブジェクトが複製される

作業をやり直す方法

失敗した操作は取り消し

Illustratorを使用する過程で、直前の操作を取り消ししたり、いったん取り消した操作をやり直ししたいときがあります。ここでは操作の取り消しややり直しをする方法を紹介します。

操作の取り消しとやり直し

1 直前の操作を取り消すには、[編集]メニュー→[○○○の取り消し]を選びます。「○○○」には直前の操作名が入ります。右図の場合は直前にオブジェクトを移動したので[移動の取り消し]となっています（❶）。ショートカットは《 ⌘ ＋ Z 》です。

2 取り消した作業をやり直すには、[編集]メニュー→[○○○のやり直し]を選びます。「○○○」には取り消した作業名が表示されます。右図の場合は直前にオブジェクトの移動を取り消したので[移動のやり直し]となっています（❷）。ショートカットは《 shift ＋ ⌘ ＋ Z 》です。

修正をすべて破棄する

1 一度保存したファイルを編集したけれど、前回保存時の状態に戻す場合は、[ファイル]メニュー→[復帰]を選びます（❸）。

2 ❹の警告が表示されますが、[復帰]（❺）をクリックします。
ショートカットは《 F12 》です。

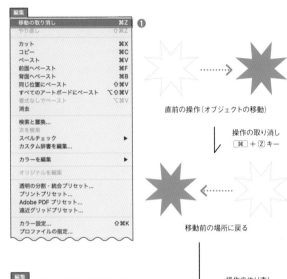

直前の操作（オブジェクトの移動）

操作の取り消し
⌘ ＋ Z キー

移動前の場所に戻る

操作のやり直し
shift ＋ ⌘ ＋ Z キー

最初に操作した場所に移動する

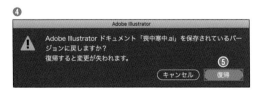

便利なバウンディングボックス

バウンディングボックスは、[選択]ツールでオブジェクトを選択したときに表示される青色の長方形の枠線のことです(右画像)。
このバウンディングボックスをドラッグすることで、移動、変形、回転、拡大・縮小を行うことができます。

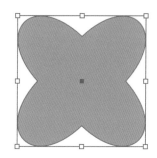

オブジェクトの移動

オブジェクトの移動は、カーソルの形が ▸ になったときにドラッグして行います(❶)。任意の位置にドラッグすると、それに応じてオブジェクト全体が移動します(❷)。
ドラッグの際に [shift] キーを押すと、水平／垂直／斜め方向に45°単位で移動させることができます。

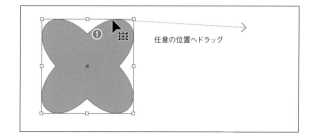

任意の位置へドラッグ

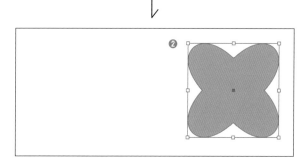

オブジェクトの削除

オブジェクトの削除は、オブジェクトが選択状態(❸)のときにキーボードの [delete] キーを押します。

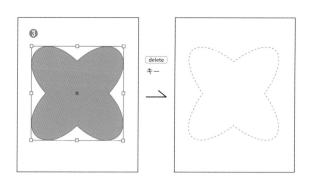

delete
キー

オブジェクトの拡大・縮小

1 オブジェクトの拡大・縮小は、ポインタの形が ↗ ↘ ↕ ↔ になったときにドラッグして行います。重ねる位置によって、ポインタの形状は❶のように変化します。

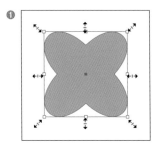

2 ポインタの形が ↗ ↘ のときにドラッグすると自由な形に、↕ のときは垂直方向のみ、↔ のときは水平方向のみに変形できます。ドラッグする際、 shift キーを押しながらだと、ポインタがどの状態のときでも縦横比率を保って変形されます（❷）。

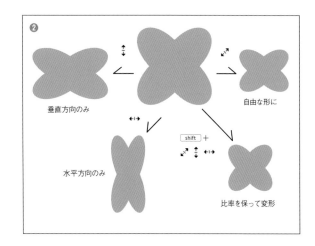

垂直方向のみ

自由な形に

水平方向のみ

shift +

比率を保って変形

オブジェクトの回転

1 オブジェクトの回転は、ポインタの形が ↰ ↱ ↳ ↲ になったときにドラッグして行います。重ねる位置によって、ポインタの形状は❸のように変化します。

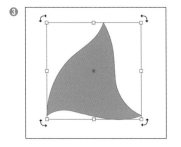

2 ポインタの形が ↰ ↱ ↳ ↲ のときにドラッグすると自由な角度で回転できます。ドラッグする際、 shift キーを押しながらだと、45°単位の角度で回転されます（❹）。

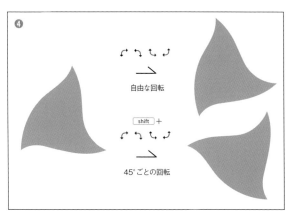

自由な回転

shift +

45°ごとの回転

オブジェクトのロックとロック解除

複数のオブジェクトで作業する場合、動かしたくないオブジェクトをロックしておくと、作業効率が上がる場合があります。

オブジェクトをロックする

1. ❶のような複数のオブジェクトがあったとします。[選択]ツールですべてを選択すると、❷のように選択されます。

2. いったん選択を解除します。❸の赤いオブジェクトを選択し、[オブジェクト]メニュー→[ロック]→[選択]を実行します（❹）。ショートカットは《⌘＋2》なので、覚えておきましょう。

3. この操作を行うと、選択していた❸のオブジェクトの選択が解除されます（❺）。すべてのオブジェクトを選択してみると、❻のように黄色のオブジェクトだけが選択されます。

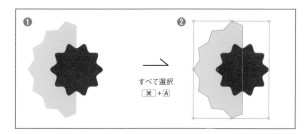
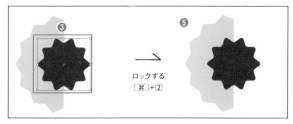

すべて選択
⌘+A

ロックする
⌘+2

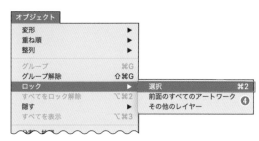

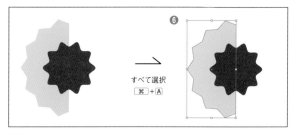

すべて選択
⌘+A

オブジェクトのロックを解除する

1. オブジェクトのロックを解除するには、[オブジェクト]メニュー→[すべてをロック解除]を実行します（❼）。ショートカットは《option＋⌘＋2》です。これも覚えておきましょう。

2. ロック解除を実行すると、ロックされていたオブジェクトが選択状態になって表示されます（❽）。

オブジェクトの非表示と表示

重なっている片方のオブジェクトを非表示にすると、もう一方のオブジェクトの操作が効率的にできるようになります。

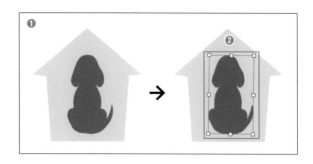

オブジェクトを非表示にする

1. ❶のような複数のオブジェクトがあったとします。続いて、❷のイヌのオブジェクトを選択します。

2. [オブジェクト]メニュー→[隠す]→[選択]を実行します（❸）。
ショートカットは《 ⌘ + 3 》です。

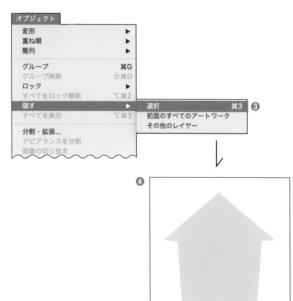

3. この操作で、❷のイヌのオブジェクトは非表示になります（❹）。

オブジェクトをすべて表示する

1. オブジェクトをすべて表示するには、[オブジェクト]メニュー→[すべてを表示]を実行します（❺）。
ショートカットは《 option + ⌘ + 3 》です。

2. このコマンドを実行すると、隠されていたオブジェクトが選択状態になって表示されます（❻）。

03 LESSON / 10

【ガイド、スマートガイド、グリッド】

正確な描画や配置に役立つガイド類

Sample Data / No Data

ガイドの作成と表示／非表示

ガイドを利用すると図形や文字などの配置作業
をスムーズに行えます。定規からドラッグして作
成する方法と、ガイドの表示／非表示の方法を
見てみましょう。

定規を表示する

1 [表示]メニュー→[定規]→[定規を表示]を
実行します（❶）。ショートカットは《[⌘]
+[R]》です。

2 ウィンドウの上部と左側に定規が表示され
ます（❷）。
初期設定では、アートボードの左上隅が定
規の原点です。

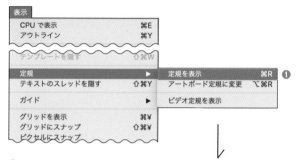

定規からドラッグしてガイドを作成する

1 ドキュメントウィンドウに表示された定規
（❸）からガイドを作成したい場所までドラ
ッグします（❹）。

2 マウスをはなすと、❺のようにガイドが作
成されます。

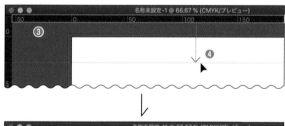

ガイドの表示／非表示

ガイドの表示／非表示の切り換えは、[表示]メニ
ュー→[ガイド]→[ガイドを表示／ガイドを隠す]
を実行します（❻）。ショートカットは《[⌘]+[;]》
です。

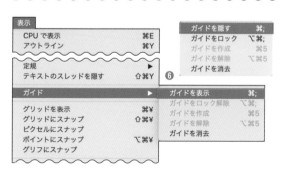

ガイドのカラー・線種の変更

1. ガイドのカラーや線種を変更したいときは、[Illustrator]メニュー→[環境設定]→[ガイド・グリッド]（Mac）／[編集]メニュー→[環境設定]→[ガイド・グリッド]（Windows）を実行します（**7**）。

2. 表示される環境設定ダイアログの[ガイド]の部分（**8**）でガイドのカラー（**9**）や線種（**10**）を変更できます。

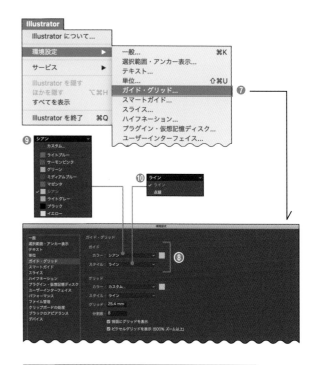

スマートガイドの表示／非表示

スマートガイドは、オブジェクトを操作する際に右画像のように一時的に表示されるガイドです。オブジェクトが複数ある場合は、ほかのオブジェクトとの相対関係で位置を示して作業を補佐してくれます。

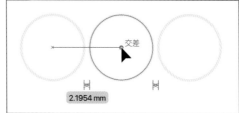

スマートガイドのオン／オフと環境設定

1. スマートガイドを表示するには[表示]メニュー→[スマートガイド]（**1**）を実行し、チェックを入れます。ショートカットは《⌘＋U》です。

2. スマートガイドの設定は、[Illustrator]メニュー→[環境設定]→[スマートガイド]（Mac）／[編集]メニュー→[環境設定]→[スマートガイド]（Windows）を実行します（**2**）。このダイアログにはさまざまなオプションがあり、たとえばガイドの表示色（**3**）や角度（**4**）などを設定できます。
なお、**5**のグリフガイドは、テキストオブジェクトの仮想ボディの上下や中心、ベースラインに沿って表示されるガイドです（**6**）。[表示]メニュー→[グリフにスナップ]（**7**）にチェックを入れて表示します。

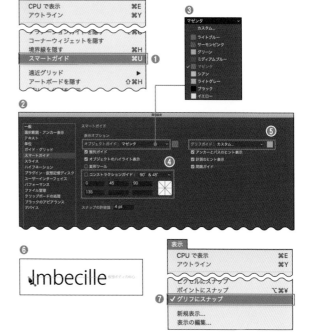

グリッドの表示／非表示

グリッドは、方眼紙のようなマス目で表示される
ガイドです。正確にオブジェクトを配置する目安
になるので、必要に応じて使用するとよいでしょ
う。

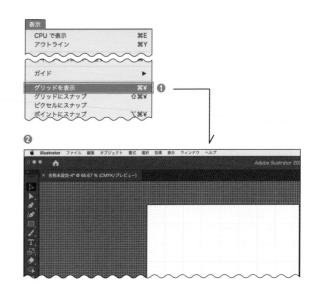

グリッドを表示する

1 ┃ [表示]メニュー→[グリッドを表示]を実行
します(❶)。ショートカットは《 ⌘ ＋ ¥ 》
です。非表示にする場合も同じです。

2 ┃ ❷のようにドキュメントウィンドウ全体に
グリッドが表示されます。

グリッドの設定を変更する

1 ┃ グリッドのカラーや大きさを変更するとき
は、[Illustrator]メニュー→[環境設定]→
[ガイド・グリッド](Mac)／[編集]メニュ
ー→[環境設定]→[ガイド・グリッド]
(Windows)を実行します(❸)。

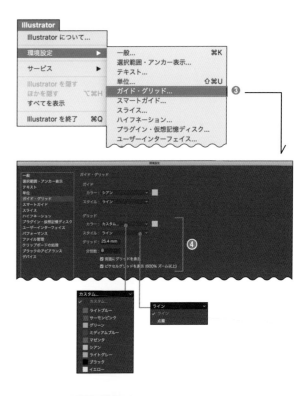

2 ┃ 表示される環境設定ダイアログの[グリッ
ド]の部分(❹)でグリッドのカラーや線種、
マス目の大きさを変更できます。

3 ┃ 初期設定では[グリッド＝25.4mm][分割
数＝8]ですが、たとえば1mm間隔のグリ
ッドを表示させたい場合は、❺のように[グ
リッド＝10mm][分割数＝10]とすれば
OKです。

> グリッドの初期設定値が半端に思える「25.4mm」
> なのは、「72pt（＝1インチ＝25.4mm）」に設定さ
> れているからです。

【レイヤーの概念】
レイヤーを理解する

レイヤーの考え方

新規のアートボードのレイヤーは1階層だけです。そのままアートワーク作成を進めると、すべてのオブジェクトが同一のレイヤーに配置されることになります。

数多くのパーツを組み合わせたアートワークになるほど、それぞれのパーツにレイヤーを振り分けるほうが効率的に作業を進めることができます。Illustratorを操作するうえでレイヤーは必須ともいえる概念なので、その構造と使い方をしっかり覚えましょう。

レイヤーとはフィルムの層のようなもの

レイヤーは、透明のフィルムをイメージしてもらえばわかりやすいでしょう。

背面のカラーを変更したり新たにフィルムを重ねて物体や人物を増やしたり……、何層も重ねて使える便利な機能です。オブジェクトの見え方はレイヤーの重なり順のとおりで、レイヤーに分けてオブジェクトを配置することで、重なり方を変更したり、目的のオブジェクトがあるレイヤーをロックしたり非表示にしたりする操作を行うことができます。

たとえば、右の❶のように複数のレイヤーがあり、そのいくつかのレイヤーにオブジェクト@ⓑⓒがあるとします。これらのレイヤーを上から見ると、❷のようにオブジェクトが表示されます。

ここでレイヤー1～6の重ね順を逆にすると、❸のようにオブジェクトの重なり方も逆になります。

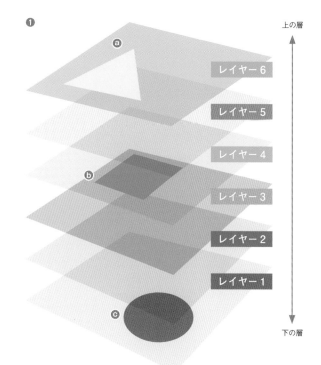

❶ 上の層 / レイヤー6 / レイヤー5 / レイヤー4 / レイヤー3 / レイヤー2 / レイヤー1 / 下の層

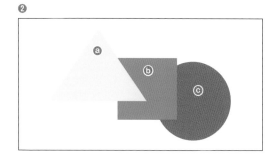

❷

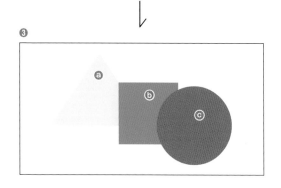

❸

【レイヤーパネルの概要】

レイヤーパネルの使い方

レイヤーパネル

[レイヤー]パネルでは、レイヤーの追加／削除、表示／非表示、ロック／ロック解除といった操作ができます。

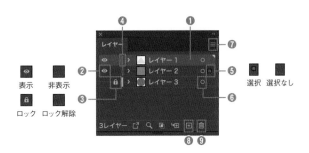

表示　非表示

ロック　ロック解除

選択　選択なし

[レイヤー]パネル各部の機能

[レイヤー]パネルの各部の機能を右図と表に示します。

パネル各部の名称と機能

部 位	機 能
❶レイヤー	選択しているレイヤーはハイライト表示される
❷表示コラム	クリックで表示／非表示が切り替わる
❸編集コラム	クリックでレイヤーのロック／ロック解除が切り替わる
❹レイヤーのカラー	オブジェクト選択時の境界線などは、このカラーに準じる
❺選択コラム	クリックでレイヤー上のオブジェクトを選択できる。レイヤーカラーの四角形はオブジェクトが選択されていることを示す
❻ターゲットコラム	クリックで、アピアランス属性を適用するレイヤーに指定できる
❼パネルメニュー	パネルメニューを表示する
❽新規レイヤーボタン	新規レイヤーを作成する
❾レイヤー削除ボタン	レイヤーを削除する

[レイヤーオプション]ダイアログ

レイヤーのサムネール（❶）をダブルクリックすると、[レイヤーオプション]ダイアログが表示されます。（❷）。このダイアログで、レイヤーの名前（❸）やカラー（❹）を変更できます。そのほかのオプションは、下の表を参照してください。

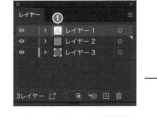

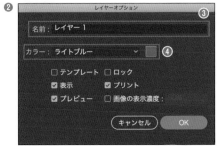

オプション	機 能
テンプレート	レイヤーをテンプレートレイヤーにする
ロック	オブジェクトを変更できないようロックする
表示	レイヤーのすべてのアートワークを表示する
プリント	レイヤー上のアートワークをプリントする
プレビュー	アウトライン表示／プレビュー表示を変更する
画像の表示濃度	レイヤー上の配置画像の表示濃度を指定する

Ai

LESSON

04

線や図形の描き方

パスはアートワークの基本要素

どんな複雑なアートワークでも、パスに設定された線やパスに囲まれた塗りで成り立っています。ここでは、直線・曲線パスの構造、各部の名称を見ていきましょう。

パスの線と塗り

Illustratorでは、[ペン]ツールなどの描画ツールで描いた線を「パス」といいます。

パスに対しては、さまざまな太さや線種の「線」、パスに囲まれた部分には色やパターンなどの「塗り」を設定できます（❶）。

交差しているパスの場合、パスで囲まれている部分に塗りが設定されます（❷）。

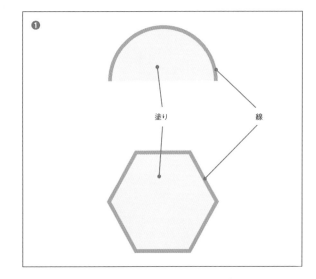

❶ 塗り　線

❷

直線パスの構造

直線パスは、「アンカーポイント」と呼ばれる点と、それらが結ばれた「セグメント」と呼ばれる線で構成されます。

アンカーポイントを複数作成すると、その間にセグメントが描かれると理解したほうがわかりやすいかもしれません。

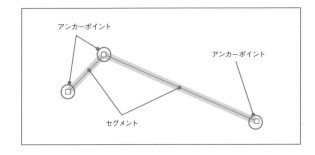

アンカーポイント　アンカーポイント　セグメント

パスの種類

右図の❸のようにパスが閉じていない図形を「オープンパス」、❹のようにパスが閉じている図形を「クローズパス」と呼びます。

また、オープンパスの両端にあるアンカーポイントを「端点」といいます。

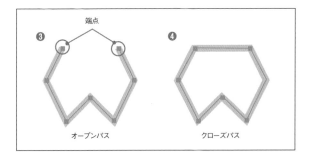

❸ 端点　❹　オープンパス　クローズパス

曲線パスの構造

曲線パスは右図のような構造になっています。直線パスと同様にアンカーポイントとセグメントで構成されるのは同じですが、異なるのはアンカーポイントに 方向線 があることです。

曲線の形状は、アンカーポイントの位置と方向線の長さ、方向で決まります。また、これらを操作することで形状の変更ができます。

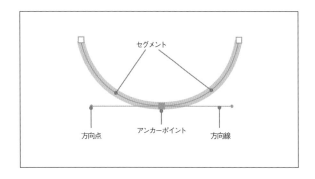

曲線のアンカーポイントの種類

曲線のアンカーポイントには「スムーズポイント」と「コーナーポイント」の2種類があります。

スムーズポイント

スムーズポイントは、アンカーポイントをはさんで一直線に左右に伸びる方向線をもっています（❶）。パスの形状は滑らかな曲線です。

片方の方向線を動かすと、もう片方の方向線も動き、曲線の形が変わります（❷）。

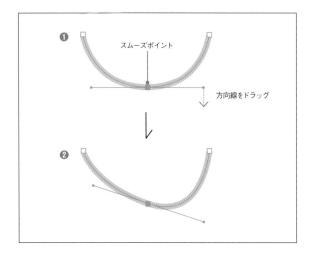

コーナーポイント

コーナーポイントには、方向線が1本のもの（形状は曲線＋直線 ❸）と方向線が2本のもの（形状は曲線＋曲線 ❹）があります。

この種類のアンカーポイントは、方向点をドラッグするとドラッグした方向線だけが動き、もう片方の方向線は動きません（❺❻）。

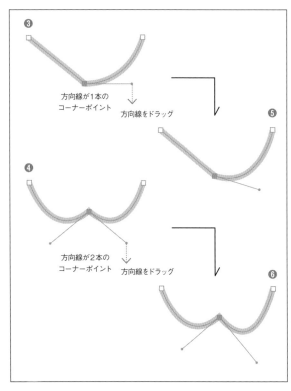

LESSON 04/02

【ペンツールで直線を描く】
直線を描く

Sample Data / No Data

クリックの連続で直線を描く

描画の基本が［ペン］ツールです。単純な直線や
ギザギザの線、クローズパス（三角形）、角度を
限定した直線パスを描いてみましょう。

直線を描く

| 1 | ［ペン］ツールを選択します（❶）。 |

| 2 | 線の始点となる任意の位置でクリックします（❷）。 |

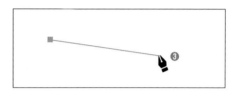

| 3 | 直線の終点となる位置にカーソルを移動します。始点から終点までのパスのプレビュー（ラバーバンド）が表示されます（❸）。 |

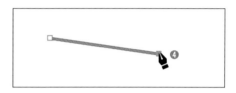

| 4 | クリックすると線が描かれます（❹）。[esc]／[return]キーを押して描画を終了します。 |

> ラバーバンドの表示／非表示については、P.070の補足説明を参照してください。

ギザギザの線を描く

| 1 | ［ペン］ツールを選択し、線の始点となる任意の位置でクリックします（❶）。そのままカーソルを移動させて、次にクリックする位置にカーソルを移動します（❷）。 |

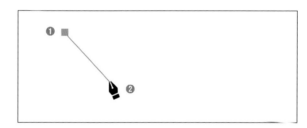

| 2 | クリックするとその位置まで線が描かれます（❸）。上のステップ①と同様に、次にクリックする位置にカーソルを移動します（❹）。 |

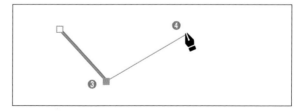

| 3 | 終点となる場所をクリックしたら、[esc]／[return]キーを押して描画を終了させます（❺）。 |

三角形を描く

<table>
<tr><td>1</td><td>[ペン]ツールを選択します。任意の位置をクリックして最初のアンカーポイント(❶)を作成したら、三角形の次の頂点の位置にカーソルを移動してクリックします(❷)。</td></tr>
</table>

<table>
<tr><td>2</td><td>同様に次の頂点となる位置にカーソルを移動してクリックします(❸)。</td></tr>
</table>

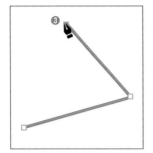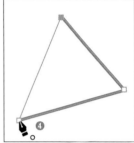

<table>
<tr><td>3</td><td>始点にカーソルを重ねると、右下に「○」が表示されるのでクリックします(❹)。</td></tr>
</table>

<table>
<tr><td>4</td><td>この一連の操作で、三角形のクローズパスを描くことができます(❺)。</td></tr>
</table>

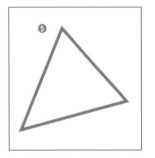

角度を45°単位に限定して線を描く

<table>
<tr><td>1</td><td>[ペン]ツールで線の始点となる位置でクリックし(❶)、次にクリックする位置に shift キーを押しながらカーソルを移動します(❷)。</td></tr>
</table>

<table>
<tr><td>2</td><td>クリックすると、その位置まで水平に線が描かれます(❸)。次にクリックする位置に shift キーを押しながらカーソルを移動します(❹)。</td></tr>
</table>

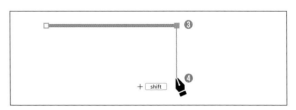

<table>
<tr><td>3</td><td>同様の操作をして、終点をクリックしたら esc / return キーを押して描画を終了します(❺)。</td></tr>
</table>

クリックとドラッグで曲線を描く

曲線は[ペン]ツールでクリックとドラッグを組み合わせて描きます。ドラッグすると「方向線」が表示され、この向きと長さで、曲線のカーブが決まります。

自由に曲線を描く

1 [ペン]ツールを選択し（❶）、曲線の始点となる位置でドラッグします（❷）。

2 マウスのボタンをはなし、次のアンカーポイントの位置にカーソルを移動してドラッグしたままにします（❸）。

3 マウスのボタンをはなすと、その位置（❹）まで線が描かれます。次の位置にカーソルを移動し、ドラッグします（❺）。

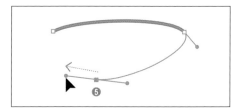

4 マウスをはなし、 esc ／ return キーを押して描画を終了します（❻）。

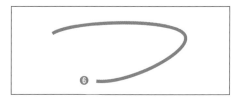

ラバーバンドの表示／非表示を切り替えるには、[Illustrator]メニュー→[環境設定]→[選択範囲・アンカー表示]（Mac）／[編集]メニュー→[環境設定]→[選択範囲・アンカー表示]（Windows）を実行します。
右のダイアログ表示されるので、一番下にある[ラバーバンドを有効にする対象]のオプションで[ペンツール]あるいは[曲線ツール]のチェックをON/OFFします。

ラバーバンドを有効にする対象： ☑ ペンツール ☑ 曲線ツール

いずれかの項目をON/OFF

方向線の角度を45°単位に限定して描く

1. [ペン]ツールで線の始点となる位置で shift キーを押しながらドラッグします（❶）。

2. 次の位置に shift キーを押しながらカーソルを移動し、 shift キーを押しながらドラッグします（❷）。

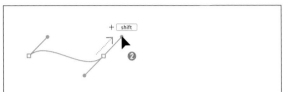

3. マウスのボタンをはなすと、その位置（❸）まで線が描かれます。

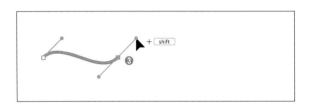

4. 次の位置に shift キーを押しながらカーソルを移動し、 shift キーを押しながらドラッグします（❹）。

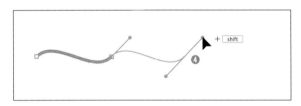

5. 同様の操作をして、終点をドラッグしたら、 esc ／ return キーを押して描画を終了します（❺）。

曲線でクローズパスを描く

1. [ペン]ツールを選択し、任意の位置をドラッグします（❶）。さらに別の場所をドラッグし、曲線を描きます（❷）。

2. さらに別の場所をドラッグします（❸）。

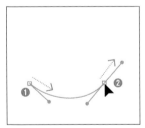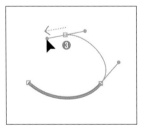

3. 始点にカーソルを重ねると、右下に「○」が表示されるので（❹）、クリックあるいはドラッグします。
   クリックするとコーナーポイント（❺）、ドラッグするとスムーズポイント（❻）で結合されます。

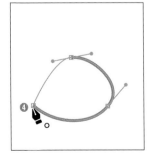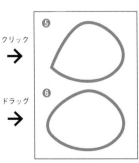

【長方形ツール、角丸長方形ツール】
四角形や角丸四角形を描く

Sample Data / No Data

ドラッグして四角形を描く

[長方形]ツールを選択してドラッグすることにより、感覚的に四角形を描くことができます。また、正方形もキーコンビネーションで簡単に描くことができます。

自由にドラッグして描く

1　[長方形]ツールを選択します(❶)。

2　アートボード内の任意の場所でドラッグします(❷)。マウスのボタンをはなすと、前もって設定された線と塗りの四角形が描かれます(❸)。

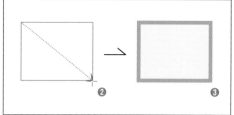

shift キーを押しながら描く

1　[長方形]ツールを選択し、任意の位置から、shift キーを押しながら対角線方向にドラッグします(❹)。

2　マウスボタンをはなすと正方形が描画されます(❺)。

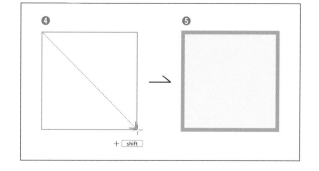

option キーを押しながら描く

1　[長方形]ツールで任意の位置から option キーを押しながらドラッグすると、中心から四角形が描画されます(❻)。

2　[長方形]ツールで任意の位置から option ＋ shift キーを押しながらドラッグすると、中心から正方形が描画されます(❼)。

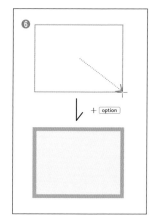
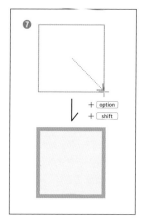

ドラッグして角丸長方形を描く

[角丸長方形]ツールを選択してドラッグすることで、感覚的に角丸長方形を描くことができます。

自由にドラッグして角丸長方形を描く

1　[角丸長方形]ツールを選択します（❶）。アートボード内の任意の場所でドラッグします（❷）。マウスのボタンをはなすと、前もって設定された線と塗りの角丸長方形が描かれます（❸）。

> [角丸長方形]ツールは、ツールバーの[基本設定]では表示されません。[ツールバーを編集]（❹）をクリックして個別に[角丸長方形]ツールを追加するか、[詳細設定]を選択します（P.029参照）。

2　角丸の大きさや形状は、[変形]パネルの❹で設定できます。[長方形]ツールで描いた四角形でも、ここを調整すれば角丸長方形に変更できます。

shift キーを押しながら描く

1　[角丸長方形]ツールを選択し、任意の位置から、shift キーを押しながら対角線方向にドラッグします（❺）。

2　マウスボタンをはなすと角丸正方形が描画されます（❻）。

option キーを押しながら描く

1　[角丸長方形]ツールで任意の位置から option キーを押しながらドラッグすると、中心から角丸四角形が描画されます（❼）。

2　[角丸長方形]ツールで任意の位置から option ＋ shift キーを押しながらドラッグすると、中心から角丸正方形が描画されます（❽）。

ⓐ

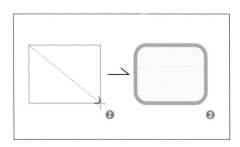

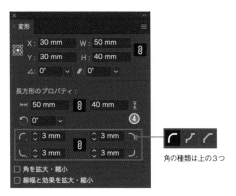

角の種類は上の3つ

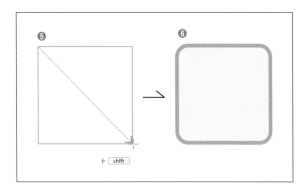

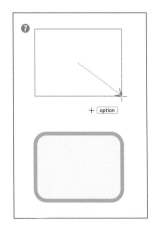

＋ shift

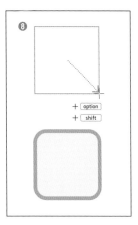

ドラッグして円形を描く

[楕円形]ツールを選択してドラッグすることにより、感覚的に楕円形を描くことができます。また、正円もキーコンビネーションで簡単に描くことができます。

自由にドラッグして描く

1 [楕円形]ツールを選択します（①）。

2 アートボード内の任意の場所でドラッグします（②）。マウスのボタンをはなすと、前もって設定された線と塗りの楕円形が描かれます（③）。

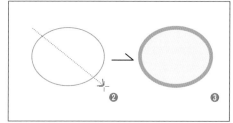

shift キーを押しながら描く

1 [楕円形]ツールを選択し、任意の位置から、shift キーを押しながら対角線方向にドラッグします（④）。

2 マウスボタンをはなすと正円が描画されます（⑤）。

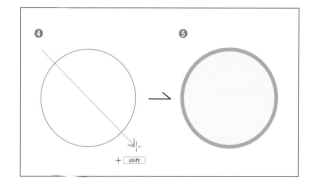

option キーを押しながら描く

1 [楕円形]ツールで任意の位置から option キーを押しながらドラッグすると、中心から楕円形が描画されます（⑥）。

2 [楕円形]ツールで任意の位置から option ＋ shift キーを押しながらドラッグすると、中心から正円が描画されます（⑦）。

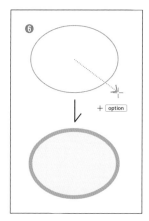

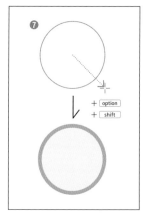

ドラッグして渦巻きを描く

[スパイラル]ツールを利用すると、ドラッグ操作で簡単に渦巻きのオブジェクトを描けます。

自由にドラッグして渦巻きを描く

1 [スパイラル]ツールを選択します（**①**）。

[スパイラル]ツールは、ツールバーの[基本設定]では表示されません。[ツールバーを編集]（**ⓐ**）をクリックして個別に[スパイラル]ツールを追加するか、[詳細設定]を選択します（P.029参照）。

2 任意の場所をドラッグすると、感覚的に渦巻きを描くことができます（**②**）。

3 マウスのボタンをはなすと、渦巻きが描かれます（**③**）。

ドラッグ中のキーコンビネーション

1 ドラッグで描画するとき ↓ キーまたは ↑ キーを押すと、[セグメント数]を変更できます。また、R キーを押すと、渦巻きの方向を反転できます（**④**）。

2 ドラッグ中に ⌘ キーを押すと、[円周に近づく比率]を変更できます（**⑤**）。

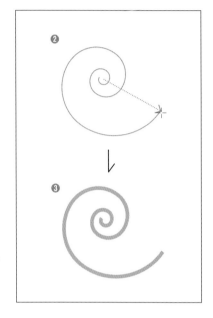

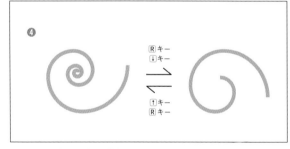

セグメント数の変更／渦巻きの方向を反転

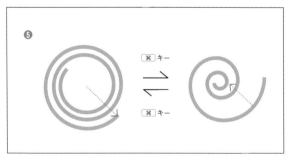

円周に近づく比率の変更

ドラッグして多角形を描く

[多角形]ツール を使うと、正確な多角形を簡単に描画することができます。辺の数も自由に設定できます。

自由にドラッグして多角形を描く

1. [多角形]ツールを選択します（❶）。

2. 任意の場所をドラッグすると、感覚的に多角形を描くことができます（❷）。マウスのボタンをはなすと、多角形が描かれます（❸）。
   なお、[長方形]ツールや[楕円形]ツールとは異なり、[多角形]ツールでのドラッグ描画は、中心から多角形が描画されます。

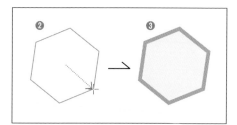

3. 多角形の辺の数は、描画後でも[変形]パネルの❹のスライドバーや数値入力で増減できます。

多角形の辺の数は、スライドバー「3〜20」、数値入力「3〜1000」で設定できる

ドラッグ中のキーコンビネーション

1. [多角形]ツールでドラッグ中に shift キーを押すと、ある一辺が水平の状態で描かれます（❺）。

2. また[多角形]ツールでドラッグ中に ↑ ↓ キーを押すと、辺の数を増減させることができます（❻）。

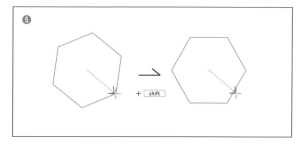

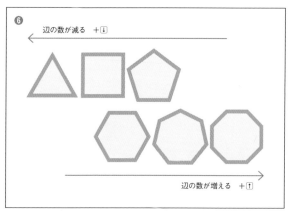

ドラッグして星形を描く

[スター]ツールを使うと、簡単に正確な星形を描画することができます。頂点の数も自由に設定できます。

自由にドラッグして星形を描く

1 [スター]ツールを選択します（❶）。

2 任意の場所をドラッグすると、感覚的に星形を描くことができます（❷）。

3 マウスのボタンをはなすと、星形が描かれます（❸）。

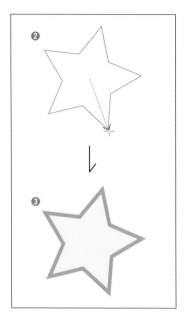

ドラッグ中のキーコンビネーション

1 [スター]ツールでドラッグ中に shift キーを押すと、星形が垂直に立った状態で描かれ（❹）、 option キーを押すと、ある頂点と2つ隣の頂点を結ぶ線（❺）が直線で描画されます。

2 [スター]ツールでドラッグ中に ↑ ↓ キーを押すと、辺の数を増減させることができます（❻）。

3 また、ドラッグ中に ⌘ キーを押すと、ギザギザ部分の長さだけを変更して作成できます（❼）。右図の赤い五角形部分は同じ大きさのままです。

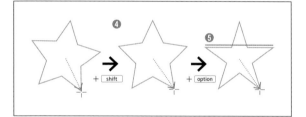

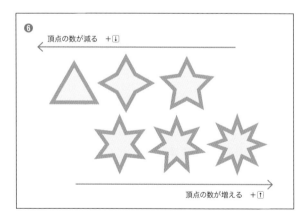

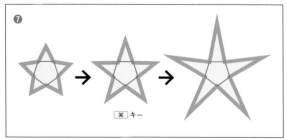

【ダイアログを利用した描画】
数値を入力して図形を描く

Sample Data / No Data

数値入力で図形を描く

各種描画ツールでアートボードをクリックすることで、大きさを数値指定して描画できます。

四角形を数値入力で描く

1. [長方形]ツールを選択して任意の場所をクリックすると、[長方形]ダイアログが表示されます。このダイアログで、たとえば[幅＝40mm、高さ＝30mm]と数値を入力します（❶）。

2. [OK]をクリックすると、設定どおりの四角形が描かれます（❷）。

3. ダイアログで幅と高さに同じ数値を入れると、正方形になります（❸）。

4. [角丸長方形]ツールのダイアログでは、幅と高さに加えて[角丸の半径]があります（❹）。ダイアログで幅と高さに同じ数値を入れると、角丸正方形になります（❺）。

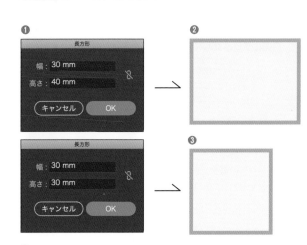

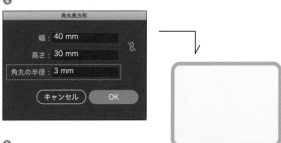

楕円形を数値入力で描く

1. [楕円形]ツールを選択して任意の場所をクリックすると、[楕円形]ダイアログが表示されるので、たとえば[幅＝40mm、高さ＝30mm]と入力します（❶）。

2. [OK]をクリックすると、設定どおりの楕円形が描かれます（❷）。

3. ダイアログで幅と高さに同じ数値を入れると、正円になります（❸）。

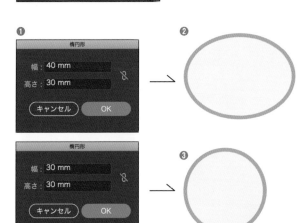

渦巻きを数値入力で描く

1. [スパイラル]ツールでクリックすると、[スパイラル]ダイアログが表示されるので、[半径][円周に近づく比率][セグメント数][スタイル]を入力・選択します（❶）。

2. [OK]をクリックすると、入力した内容に応じて渦巻きが描かれます（❷）。

❶

スパイラル

半径：20 mm

円周に近づく比率：80%

セグメント数：⇕ 10

スタイル：

（キャンセル） OK

❷

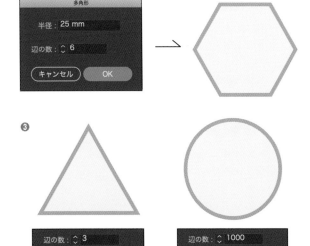

多角形を数値入力で描く

1. [多角形]ツールを選択して任意の場所をクリックすると、[多角形]ダイアログが表示されます。このダイアログで[半径]と[辺の数]を入力します（❶）。

2. [OK]をクリックすると、入力した内容に応じて多角形が描かれます（❷）。

3. 多角形の辺の数の最小は「3」、最大は「1000」です（❸）。

❶

多角形

半径：25 mm

辺の数：⇕ 6

（キャンセル） OK

❷

❸

辺の数：⇕ 3

辺の数：⇕ 1000

星形を数値入力で描く

1. [スター]ツールを選択して任意の場所をクリックすると、[スター]ダイアログが表示されます。このダイアログで[第1半径][第2半径][点の数]を入力します（❶）。

2. [OK]をクリックすると、入力した内容に応じて星形が描かれます（❷）。

3. 星形の点の数の最小は「3」、最大は「1000」です（❸）。

❶

スター

第1半径：20 mm

第2半径：10 mm

点の数：⇕ 5

（キャンセル） OK

❷

第1半径 20mm

第2半径
10mm

❸

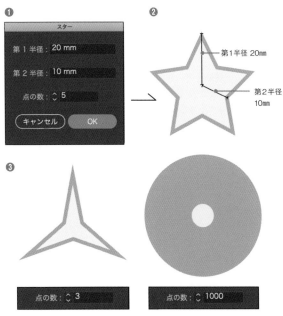

点の数：⇕ 3

点の数：⇕ 1000

LESSON 04/08

【鉛筆ツール、ブラシツール】
フリーハンドで線を描く

Sample Data / No Data

鉛筆ツールで描く

[鉛筆]ツールを使うとフリーハンドで線を描くことができます。マウスだとなかなか難しいですが、多用する場合はペンタブレットを用意するとよいでしょう。

マウスで自由に線を描く

1 [鉛筆]ツールを選択します（❶）。

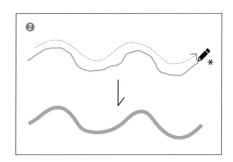

2 任意の場所をドラッグすると、感覚的に線を描くことができます（❷）。

ドラッグ中のキーコンビネーション

1 ドラッグ中に option キーを押すと、直線を描くことができます（❸）。

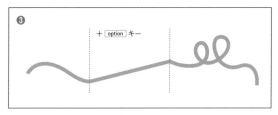

2 また、ドラッグで描画するとき shift キーを押すと角度を45°に制限した直線を描くことができます（❹）。

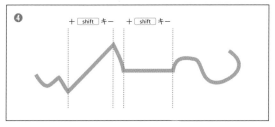

ブラシツールで描く

[ブラシ]ツールは、ペンや毛筆で描いたようなものなど、さまざまな表現ができます。「カリグラフィブラシ」「アートブラシ」はフリーハンドで描画するとより効果的です。

1 [ブラシ]ツールを選択します（❶）。
次に、[ウィンドウ]メニュー→[ブラシ]を選択します（❷）。

2 [ブラシ]パネル（③）が表示されるので、
[5pt. 平筆]（④）を選びます。

3 マウスで自由にドラッグすると、ブラシス
トロークが適用されたパスが描かれます
（⑤）。

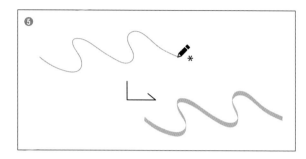

塗りブラシツールで描く

[塗りブラシ]ツールは、ペイントソフトのブラシ
のように描くツールです。ドラッグして描いた線
が1つのクローズパスオブジェクトにまとめられ
ます。

マウスで自由に線を描く

1 [塗りブラシ]ツールを選択し（①）、[ブラシ]
パネルから[15pt. 丸筆]（②）を選びます。

2 マウスで自由にドラッグして描画します。
すると、ブラシの太さの輪郭でクローズパ
スオブジェクトが作成されます。（③）。

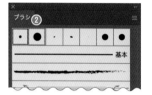

ドラッグ中のキーコンビネーション

1 [塗りブラシ]ツールで描画中に [[ ]] キー
を押すと、ブラシの太さを変更することが
できます（④）。

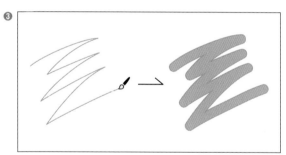

2 また、[塗りブラシ]ツールでドラッグ中に
[shift] キーを押すと、角度を45°に制限し
て直線状のオブジェクトを描くことができ
ます（⑤）。

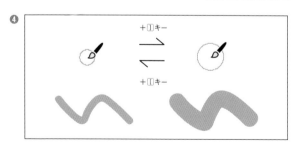

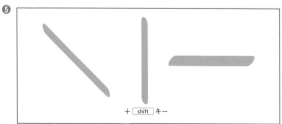

【折れ線グラフツール】
折れ線グラフを作る

シンプルな折れ線グラフを折れ線グラフツールで作成する

グラフツールを使って、各種グラフを作成するプロセスを見てみましょう。ここでは[折れ線グラフ]ツールでのグラフ作成例を見ていきます。

グラフ作成範囲を設定する

1　ツールバーから[グラフ]ツールを長押しして一覧を表示させます。ここでは、[折れ線グラフ]ツール（①）を選択します。

任意の数値を入力

2　[折れ線グラフ]ツールでアートボードをクリックすると、グラフの大きさを決める[グラフ]ダイアログが開くので、任意の数値を入力します（②）。あるいは、アートボード上を好みの大きさにドラッグしてもよいでしょう（③）。

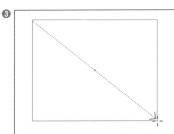

アートボード上をドラッグ

3　グラフデータウィンドウ（④）が開くと同時に、ドキュメントに初期状態のグラフオブジェクト（⑤）が作成されます。

⑥ [データの読み込み]ボタン

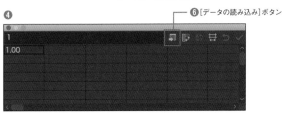

グラフデータウィンドウの[データの読み込み]ボタン（⑥）をクリックすると、タブ区切りテキスト形式で保存したExcelデータを読み込んでグラフを作成できます。

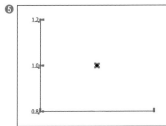

初期状態のグラフオブジェクト

グラフの数値を入力する

1　グラフデータウィンドウのセルに、①のように数値を入力し、適用ボタン（②）をクリックします。

一番左の列に、上から「4月」「5月」「6月」「7月」「8月」と入力し、左から2列目に上から「5」「4」「7」「8」「7」と入力します。1つ入力してから enter キーを押すと、下のセルに移動します。一方、tab キーを押すと、右横のセルに移動します。

2 数値を反映したグラフが作成されますが、グラフの縦軸の原点が「4」で（❸）、縦軸の最高値も入力した数値の最大値「8」を元に自動で設定されます（❹）。

3 この縦軸の数値を変更してみましょう。グラフを選択した状態で control ＋クリック（右クリック）し、表示されるコンテキストメニューから[設定]を選択します（❺）。

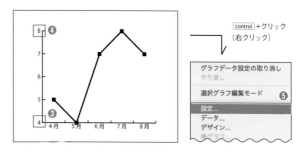

4 表示される[グラフ設定]ダイアログで、[数値の座標軸]（❻）を選び、[データから座標値を計算する]にチェックを入れます。[最小値：0][最大値：100][間隔：5]に設定して（❼）、[OK]ボタンをクリックします。これで、縦軸の目盛りが0から100のグラフになりました（❽）。

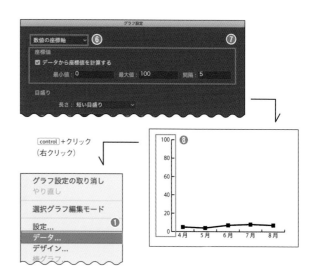

2本目以降のグラフを入力する

1 グラフを選択した状態で control ＋クリック（右クリック）し、表示されるコンテキストメニューから[データ]を選択します（❶）。

2 表示されるグラフデータウィンドウで3番目のセルに「12」「20」「25」「30」「40」と入力します（❷）。これで2本目のグラフが描かれました（❸）。

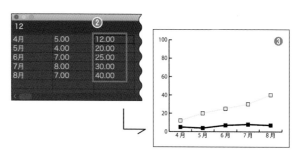

3 以降、同様の操作で3本目、4本目の数値を入力して（❹）、4本の折れ線グラフを描きます（❺）。

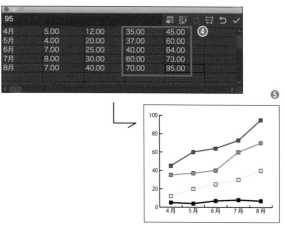

04 LESSON / 10

【グラフの種類の変更】
折れ線グラフを棒グラフに変換する

Sample Data / 04-10

作成したグラフの種類を変更する

一度作成したグラフでも、グラフオブジェクトのグループ解除をしない限り、グラフの種類を変更することができます。グラフの種類の中から、最適なものを選ぶとよいでしょう。

1. サンプルデータのグラフを選択した状態（❶）で control ＋クリック（右クリック）し、表示されるコンテキストメニューから［設定］を選択します（❷）。あるいは、ツールバーの［グラフ］ツールをダブルクリックしてもよいでしょう。

2. 表示される［グラフ設定］ダイアログで、［棒グラフ］のアイコン（❸）を選択し、［OK］ボタンをクリックします。

3. この操作で、折れ線グラフが棒グラフに変更できました（❹）。
   そのほかの種類に変更した例も下に挙げておきましょう。なお、グラフの種類の中の「散布図」は、データの作り方がほかの種類とは異なるので割愛しています。

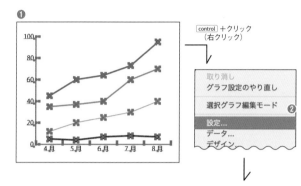

control ＋クリック
（右クリック）

取り消し
グラフ設定のやり直し
選択グラフ編集モード ❷
設定...
データ...
デザイン

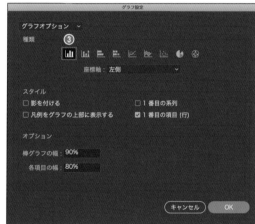

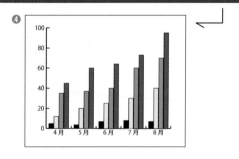

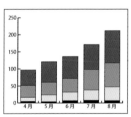
積み上げ棒グラフ

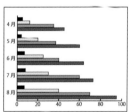
横向き棒グラフ

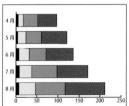
横向き積み上げ棒グラフ

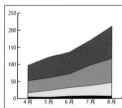
階層グラフ

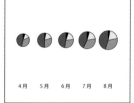
円グラフ

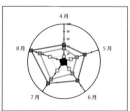
レーダーチャート

084

Ai

LESSON

05

レイアウトに用いる操作

【幅：300px 高さ：200pxのバナー制作過程】
Web用のバナーを作る

Sample Data / 05-01

完成イメージ

バナーの完成イメージは❶のとおりです。このアートワークを構成するパーツは❷のように分けられます。
以降、これらのパーツを作成し、最終的に完成に至るまでのプロセスを見ていくことにしましょう。

新規ドキュメントを開く

《 ⌘ + N 》で[新規ドキュメント]ダイアログを開き、[Web]タブ（❶）のプリセットからたとえば[Web 1280×1024px]（❷）を選択して[作成]（❸）をクリックします。
[Web]タブにあるプリセットを選択すると、自動的に単位は[ピクセル]、カラーモードは[RGB]、ラスタライズ設定は[72ppi]に設定されます（❹）。

背景を作成する①

1 [長方形]ツール（❶）でアートボード内の任意の場所をクリックし、[幅：300px 高さ：250px]と[幅：280px 高さ：230px]の長方形を2つ描きます（❷）。

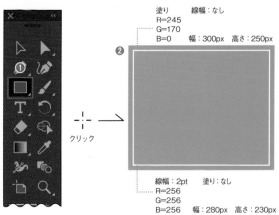

塗り　　　　　線幅：なし
R=245
G=170
B=0　　　幅：300px　高さ：250px

線幅：2pt　　　塗り：なし
R=256
G=256
B=256　幅：280px　高さ：230px

背景を作成する②

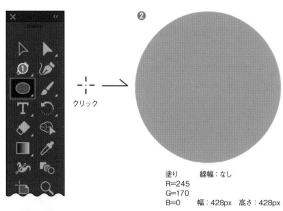

塗り　　　線幅：なし
R=245
G=170
B=0　　幅：428px　高さ：428px

1 　[楕円形]ツール（❶）を選択して、アートボード内の任意の場所をクリックし、[幅／高さ：428px]の正円を描きます（❷）。

2 　[変形]パネルを開いて、[扇形の終了角度：15°]に設定します（❸）。

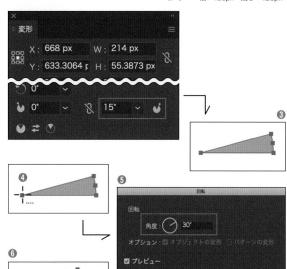

3 　[回転]ツールで扇形の頂点を option ＋クリックして（❹）、[回転]ダイアログを表示させます。ダイアログで[角度：30°]に設定し[コピー]をクリックします（❺）。設定どおりに複製されます（❻）。

4 　続けて、《 ⌘ ＋ D 》を10回繰り返し360°になるようにします（❼）。これらのオブジェクトは《 ⌘ ＋ G 》でグループ化しておきましょう。

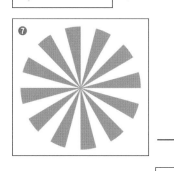

5 　全体を選択して、[透明]パネルで[描画モード：乗算]、[不透明度]を[50%]に変更します（❽）。

背景を作成する③

1 背景作成の最初に作成した300×250px のオレンジ色の長方形を円形のオブジェクトグループの上にドラッグコピーしたら（❶）、すべてを選択してクリッピングマスクを作成（《 ⌘ ＋ 7 》）します（❷）。

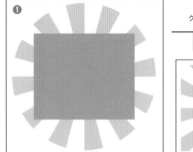

クリッピングマスク

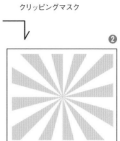

2 次に❷をオレンジ色の四角形と白い枠の間に配置して背景は完成です（❸）。

タイトルを作成する①

1 [文字]ツールで「SUMMER SALE」の文字を入力します（❶）。

フォント：Brandon Grotesque　Bold Italic
フォントサイズ：90pt　行送り：81pt　中央揃え

2 次に[文字]パネルで[垂直比率／水平比率：50%]にして文字を小さくします（❷）。

タイトルを作成する②

1 [長方形]ツールで「SUMMER SALE」の文字全体を覆う大きさの長方形（250×120px）を描きます（❶）。

幅：250px　高さ：120px

2 この長方形に[グラデーション]パネルで[線形グラデーション]を適用し、[角度：90°]に設定し、位置0%（スライダー左）のカラーを変更します（❷）。

❷

R=255　G=246　B=127

3 グラデーションの前面に文字オブジェクトを配置し（❸）、両方を選択してクリッピングマスク（《 ⌘ ＋ 7 》）を作成します（❹）。

❸

クリッピング
マスク

❹

上の例は、わかりやすいように右半分に
色を敷いています。

アーチ状に文字を配置する

1 [ペン]ツールで、❶のなだらかな曲線を描きます。

❶

2 [文字]ツールか[パス上文字]ツールを選択して、曲線の左端をクリックして文字を入力します（❷）。
次に、パス上に配置した文字を中央揃え（《 shift ＋ ⌘ ＋ C 》）にし、文字色を白に変更して完成です（❸）。

❷

ABC SHOPPING

フォント：Brandon Grotesque medium
サイズ：13pt

ABC SHOPPING

リボン形の飾りを作成する

1 同じ高さで幅の違う長方形を2つ作ります（**①**）。

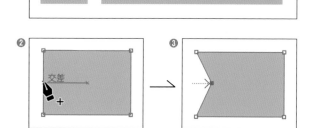

2 [ペン]ツールで短い長方形の左辺中央部分にアンカーポイントを追加します。この場合、スマートガイドをオンにしておくと、**②**の表示が出るので、辺の中央に簡単にアンカーポイントを打てます。次に[ダイレクト選択]ツールでアンカーポイントを内側に動かして、リボンの切れ込みを表現します（**③**）。

3 切り込みを入れた短い長方形を長い長方形の下に**④**のように配置します。
長い長方形を選択して[オブジェクト]メニュー→[パス]→[パスのオフセット]を実行します。表示されるダイアログで**⑤**のように設定して[OK]をクリックします。
この操作で、図のグレーの部分（幅4px）が追加された長方形が作成されます（**⑥**）。

4 4pxが追加された長方形と短い長方形と選択して（**⑦**）、[パスファインダー]パネルから[前面オブジェクトで型抜き]（**⑧**）を適用します（**⑧**）。

5 型抜きされた短い長方形を選択したら、[リフレクト]ツールで長い長方形の中央を中心に垂直軸で反転コピーします（⑩）。右側にも短い長方形が配置されました（⑪）。

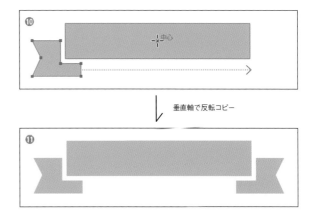

垂直軸で反転コピー

6 最後に、セール期間を示す日付を入れて完成です（⑫）。

数字フォント：Brandon Grotesque Bold　サイズ：36pt
曜日フォント：A1ゴシック StdN R　サイズ：14pt

パーツを組み合わせて完成

1 ここまでで作成したパーツを組み合わせましょう（❶）。

2 仕上げとして、ブルーのリボン部分を選択して[効果]メニュー→[スタイライズ]→[ドロップシャドウ]を❷の設定で適用して完成です。

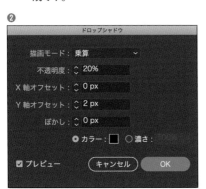

【91×55mmの横書き名刺の制作過程】
名刺を作る

完成イメージ

名刺の完成イメージは右画像のとおりです。ここでは、この名刺の制作プロセスを見ていくことにしましょう。

デザイナー
山田 太郎
Yamada Taro

01-2345-6789　012-3456-7890
yamadataro@mail-address.com
〒101-0064　東京都千代田区神田猿楽町 1-5-15 猿楽町 SS ビル 3F

ABC design inc.

新規ドキュメントを開く

《⌘＋N》で[新規ドキュメント]ダイアログを開き、[印刷]タブ（❶）のプリセットからたとえば[A4]（❷）を選択して[作成]（❸）をクリックします。[印刷]タブにあるプリセットを選択すると、自動的に単位は[ミリメートル]、カラーモードは[CMYK]、ラスタライズ設定は[300ppi]に設定されます（❹）。

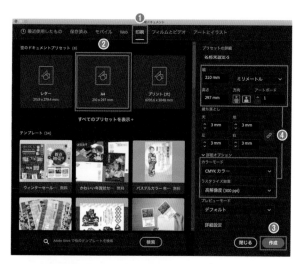

トリムマークを作成する

1. [長方形]ツールを選択し、アートボード内の任意の場所をクリックして、表示される[長方形]ダイアログで[幅：91mm 高さ：55mm]と指定して（❶）長方形を描きます（❷）。

2 | 作成した長方形を選択し、[オブジェクト]メニュー→[トリムマークを作成]を実行します（❸）。

❸

ガイドを作成する

1 | 長方形を選択して[オブジェクト]メニュー→[パス]→[パスのオフセット]を実行します。表示されるダイアログで❶のように設定して[OK]をクリックします。
この操作で、裁ち落とし用の3mmの塗り足し部分が追加された長方形が作成されます（❷）。

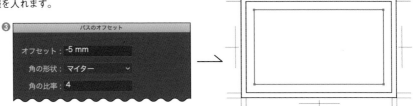

2 | 最初の91×55mmの長方形を選択して[パスのオフセット]を[-5mm]で実行します（❸）。この範囲に、氏名や社名、連絡先などの必要な情報を入れます。

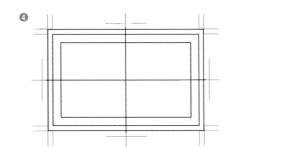

3 | 天地・左右の中央に直線を描きます（❹）。スマートガイドをオンにしておくと、トリムマークを基準に簡単に描けます。

❹

4 | 3つの長方形と2本の線を選択したら（❺）、[表示]メニュー→[ガイド]→[ガイドを作成]（《⌘＋5》）を実行します。黒い実線が薄いブルーのガイドになります（❻）。

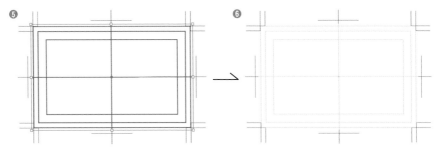

レイヤーを設定する

1 トリムマークとガイドを設定した「レイヤー1」は、たとえば「トリムマーク」などと名前を変更します(❶)。

2 [新規レイヤーを作成]ボタンをクリックして新しいレイヤーを追加したら、「デザイン」などわかりやすい名前に変更します(❷)。「トリムマーク」レイヤーはロックしておきましょう(❸)。

情報の優先順位をつける

1 デザインする前に、名刺に載せる情報を書き出して、優先順位をつけておきます。具体的には、右に挙げた「自分の情報」と「所属先の情報」があれば必要十分で、これらに優先順位をつけていきます。

2 「自分の情報」と「所属先の情報」の情報をミックスして、優先度をつけたのが❶の図です。これに応じて、優先度の高い情報は文字サイズを大きくしたり文字を太くしたりし、反対に低い情報は文字サイズを小さくしたり文字を細くしたりするなどで変化をつけます。

3 たとえば、❷のようにフォントの強弱やサイズの大小をつけます。次は、これらをレイアウトしていきましょう。

自分の情報

デザイナー
山田　太郎
Yamada Taro
yamadataro@
mail-address.com
012-3456-7890

所属先の情報

（ABCデザイン株式会社）

ABC design Inc.

01-2345-6789

〒101-0064
東京都千代田区神田猿楽町
1-5-15 猿楽町SSビル3F

---

❶

高 ↑ 優先度 ↓ 低

山田　太郎
デザイナー
Yamada Taro

ABC design Inc.

01-2345-6789

012-3456-7890

yamadataro@mail-address.com

〒101-0064
東京都千代田区神田猿楽町 1-5-15
猿楽町SSビル3F

---

❷

山田 太郎

デザイナー

Yamada Taro

ABC design Inc.

01-2345-6789　012-3456-7890

yamadataro@mail-address.com

〒101-0064　東京都千代田区神田猿楽町 1-5-15 猿楽町 SS ビル 3F

情報をレイアウトする

1　❶は何も情報がない状態の名刺オブジェクトです。この一番内側の四角形のガイド内（❷）に「自分の情報」と「所属先の情報」をレイアウトしていきます。

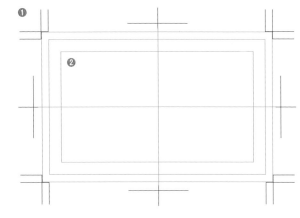

2　名前と連絡先の情報を2つのブロックに分けて、ガイドの左辺に寄せて配置します（❸）。次に、会社のロゴを右上に配置します（❹）。これだけでも名刺としては十分な仕上がりです。

なお、オブジェクトをきれいに揃えるには、[整列]パネルを使います。たとえばテキストオブジェクトが❺のようにバラバラになっている場合、すべてを選択して[水平方向左に整列]ボタン（❻）をクリックすると、❼のように一番左のオブジェクトにきれいに揃います。

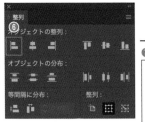

左端に裁ち落としの帯を入れる

1　名刺の左端に裁ち落としの帯を入れてみましょう。[長方形]ツールで[幅20mm、高さ61mm]の長方形を描いて、一番外側のガイドの左端に配置します（❶）。

裁ち落としを失敗なく表現するには、3mm塗り足し部分までオブジェクトが広がっているか、確認することが重要です。

2 帯の部分がテキストにかかっているので、テキストを右に移動させます。ここでは、住所の右端をロゴの右端に合わせています（**②**）。

帯の部分を画像にする

1 名刺の左端に配置した裁ち落としの帯部分を画像にしてみましょう。
[ファイル]メニュー→[配置]（《 shift ＋ ⌘ ＋ P 》）やFinderからのドラッグ＆ドロップで画像を配置し、それを最背面に移動させます（**①**）。

2 帯の長方形と画像を選択して、[オブジェクト]メニュー→[クリッピングマスク]→[作成]（《 ⌘ ＋ 7 》）を実行します。帯の長方形の形に画像が切り抜かれます（**②**）。これで、名刺の完成です。
クリッピングマスクの画像の位置を変更する場合は、[オブジェクト]メニュー→[クリッピングマスク]→[オブジェクトを編集]か、[プロパティ]パネル→[クイック操作]→[マスク編集モード]、もしくはダブルクリックします。
③は、画像の位置やクリッピングマスクの形を変更した例です。

Ai

LESSON

06

オブジェクトを変形する

用途に応じて選択系ツールを使う

オブジェクト全体を選択したり、パスの一部分だけを選択したり、ツールの種類で選択できる範囲が異なります。

▷ 選択ツール

オブジェクトやパス全体を選択します。グループ化されているときは、グループ化されたすべてのオブジェクトを選択します。オブジェクトを選択してドラッグして動かしたり、オブジェクトを選択したときに周囲に表示されるバウンディングボックスを使って変形もできます。

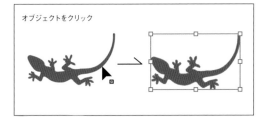

オブジェクトをクリック

▷ ダイレクト選択ツール

アンカーポイントやセグメントといった、パスの一部分だけを選択します。またアンカーポイントすべてを選択した場合はパス全体が選択されます。
オブジェクトをすべて選択すれば、ドラッグして移動させることも可能です。

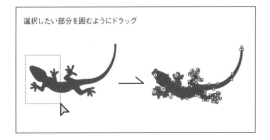

選択したい部分を囲むようにドラッグ

▷ グループ選択ツール

グループ化したオブジェクトの一部あるいは全体を選択できます。

数回のクリックでグループ全体を選択

1回目　　　　　　　　　3回目

▷ なげなわツール

ドラッグした範囲内のアンカーポイント（セグメント）を選択できます。

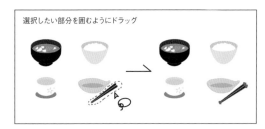

選択したい部分を囲むようにドラッグ

▷ 自動選択ツール

共通のカラーや線幅などの属性をもつオブジェクトを選択できます。
選択する範囲の設定は、[ウィンドウ]メニュー→[自動選択]、もしくは[自動選択]ツールをダブルクリックすると表示される[自動選択]パネルで行います。

選択したい属性のオブジェクトをクリック

ダイレクト選択ツールで
アンカーポイントを選択する

[ダイレクト選択]ツールを使ってセグメントやアンカーポイントを選択する方法を見ていきます。

アンカーポイントを選択する

1 ポインタをパスに重ね、右下に「■」が表示されたらクリックします（❶）。

2 セグメントが選択されると、すべてのアンカーポイントが表示されます（❷）。

3 ポインタをアンカーポイントに重ね、右下に「▫」が表示されたらクリックします（❸）。

4 アンカーポイントが選択されました。
選択状態のアンカーポイントは「■」になり、接するセグメントの方向線が表示されて選択状態になります（❹）。

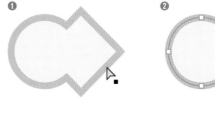

複数のアンカーポイントを選択する

1 [ダイレクト選択]ツールでアンカーポイントをクリックします（❶）。

2 shift キーを押しながらアンカーポイントをクリックしていきます（❷、❸）。これで、3つのアンカーポイントが選択できます。

3 あるいは、選択したいアンカーポイントを囲むようにドラッグします（❹）。

4 ドラッグした範囲内のアンカーポイントがすべて選択されています（❺、❻、❼）。

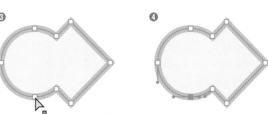

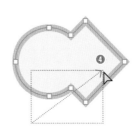

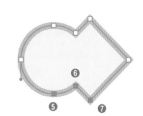

■ アンカーポイントを追加・削除する

直線や曲線のパスにアンカーポイントを追加・削除する方法を見ていきましょう。

■ アンカーポイントを追加する

1 選択状態の直線パスや曲線パスのセグメント上に［ペン］ツールのカーソルを重ね、カーソル右下に「＋」が表示されたらクリックします（❶）。

2 アンカーポイントが追加されます。曲線の場合は方向線も追加されます（❷）。

■ アンカーポイントを削除する

1 ［ペン］ツールで削除したいアンカーポイントにカーソルを重ね、カーソル右下に「－」が表示されたらクリックします（❸）。

2 アンカーポイントが削除され、直線の場合は両側のアンカーポイントをつないだ線になり、曲線の場合は両側のアンカーポイントの方向線の方向と長さにしたがって、曲線が再描画されます（❹）。

■ 離れたパスを連結する

離れた2つのパスを連結し、1つのパスにしてみましょう。［ペン］ツールを使う方法と、連結コマンドを使う方法があります。

■ ［ペン］ツールで連結する

1 2つのオープンパスの片方の端点にポインタをのせて、ポインタの右下に「／」が表示されたらクリックします（❶）。

2 別のパスの端点にポインタをのせて、右下に「⌀」が表示されたらクリックします（❷）。これで2つのパスが連結されます（❸）。

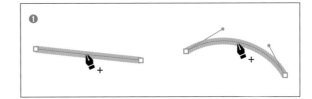

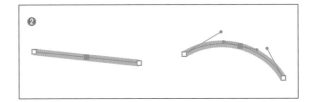

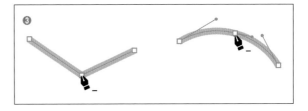

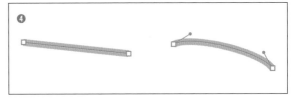

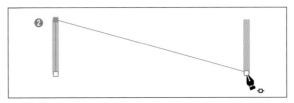

🔧 連結コマンドで連結する

1. [ダイレクト選択]ツールで shift キーを押しながら2つのアンカーポイントをクリックします（④）。

2. [オブジェクト]メニュー→[パス]→[連結]を実行します（⑤）。ショートカットは《 ⌘ + J 》なので、覚えておきましょう。

3. 2つのパスが連結されます（⑥）。

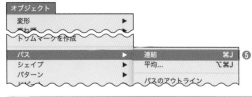

パスを切断する

パスの切断は、[はさみ]ツールを使う方法が簡単です。またアンカーポイントの場所で切断するときは[プロパティ]パネルの[選択したアンカーポイントでパスをカット]ボタンも使えます。

🔧 [はさみ]ツールで切断する

1. [はさみ]ツールを選択します（①）。

2. [はさみ]ツールでパスの切断したい部分をクリックします（②）。

3. クリックしたところでパスが切断されます（③）。

🔧 [プロパティ]パネルで切断する

1. アンカーポイントを[ダイレクト選択]ツールで選択します（④）。

2. [プロパティ]パネルの[選択したアンカーポイントでパスをカット]ボタン（⑤）をクリックします。

3. 一方のパスを選択して移動させてみると、切断されているのがわかります（⑥）。

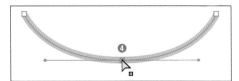

【方向線の操作】
曲線を変形する

方向線を操作する

曲線のセグメントに表示される方向線を動かすと、曲線を変形できます。また、方向線の削除で曲線から直線、片方の方向線のみの操作などもできます。

曲線の向きを変える

1 [ダイレクト選択]ツールで方向線の先端にある方向点にカーソルを重ねます（❶）。

2 方向点をドラッグすると、その動きに応じて方向線の傾きや長さが変わり、曲線の形も変わります（❷）。

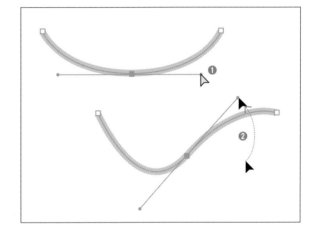

曲線を直線に変える

1 [ペン]ツールを選択し、option キーを押してアンカーポイントをクリックします（❶）。この操作は、ツールバーから[アンカーポイント]ツールを選択しても行えます。

2 方向線が削除されて直線に変わります。（❷）。

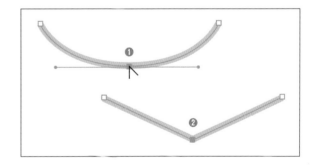

曲線の一部を変形する

1 [ペン]ツールを選択し、option キーを押して方向点をドラッグします（❶）。この操作は、ツールバーから[アンカーポイント]ツールを選択しても行えます。

2 ドラッグすると、片方の方向線だけを動かせます。（❷）。

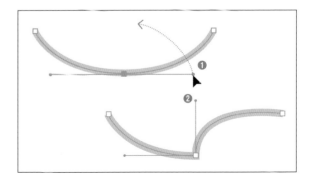

直線を曲線に変える

1　[ペン]ツールを選択し、option キーを押してアンカーポイントをドラッグします（❶）。この操作は、ツールバーから[アンカーポイント]ツールを選択しても行えます。

2　方向線が追加されて曲線に変更されます。（❷）。

3　❸の方向にドラッグすると、❹のような曲線になるので、自分の意図した形状になるようにドラッグしましょう。

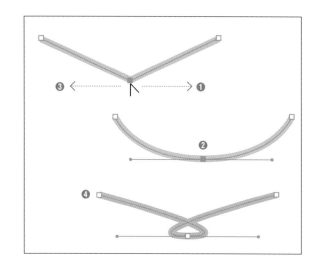

滑らかな曲線に変える

1　[ペン]ツールを選択し、option キーを押して変更したいアンカーポイントの上に重ねます（❶）。

2　右方向にドラッグします（❷）。

3　マウスボタンをはなすと方向線が確定し、滑らかな曲線になります（❸）。

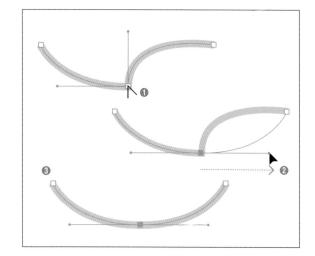

曲線の一部を直線に変える

1　[ペン]ツールを選択し、option キーを押して方向点に重ねます（❶）。

2　そのままアンカーポイントまでドラッグすると、方向線を削除することができます（❷）。

3　マウスのボタンをはなすと方向線が削除され、一部が直線になります（❸）。

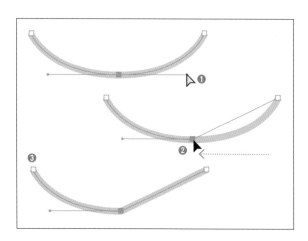

【さまざまな変形系ツール】
変形系ツールの特徴を覚える

用途に応じて変形系ツールを使う

選択したオブジェクトやパスを変形するツールです。それぞれの特徴を覚えて、用途に応じて使えるようにしましょう。

回転ツール

指定した場所を中心にオブジェクトを回転させます。ドラッグで感覚的に、あるいは数値入力で角度を指定して行えます。これは、ほかのツールでも同様です。

クリックで回転の中心を指定してドラッグ

リフレクトツール

指定した軸を中心としてオブジェクトを反転させます。

クリックで反転の軸を指定してドラッグ

拡大・縮小ツール

指定した中心点でオブジェクトを拡大・縮小します。

クリックで拡大・縮小の中心点を指定してドラッグ

シアーツール

指定した傾斜軸を中心に傾斜させることができます。

クリックで傾斜軸を指定してドラッグ

リシェイプツール

全体の形を保ったまま伸縮することができます。

変形したい部分をダイレクトツールで選択して、
アンカーポイントをドラッグ

06 LESSON/06

表示内容が重複する2つのパネル

[変形]パネルと[プロパティ]パネルは、表示内容が類似しています。ユーザーの好みもありますが、[プロパティ]パネルを使うほうが効率はよさそうです。

[変形]パネル

たとえば❶の幅：30mm、高さ：30mmの正方形があったとします。これを選択して[変形]パネルを表示すると、❷のように表示されます。
❸の欄は、オブジェクトが配置されているアートボードの座標、オブジェクトの大きさです。❹の9つの□は、オブジェクトを選択したときのバウンディングボックスの□に対応しており、右図の場合は、❺のアンカーポイントの座標になります。
❻の欄は、オブジェクトの回転角度とシアーの角度です。前項で見た[回転]ツールと[シアー]ツールで行う作業は、[変形]パネルで行うこともできます。❼の欄は、選択するオブジェクトによって内容が変わります。

[プロパティ]パネル

同じオブジェクトを選択したときの[プロパティ]パネルは右図のとおりです。
[変形]パネルと同様に基準点、座標、大きさ（❽）が表示されるほか、回転角度（❾）や水平軸／垂直軸の反転ボタン（❿）があります。また、⓫の[詳細オプション]をクリックすると、[変形]パネルの❼の欄と同じ設定内容が表示されます。
また、[変形]パネルにはない「アピアランス」も表示されるため、[プロパティ]パネルをメインに使ったほうが便利でしょう。

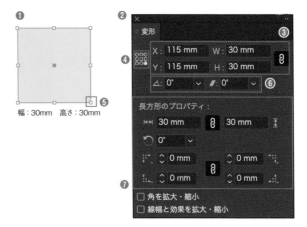

幅：30mm　高さ：30mm

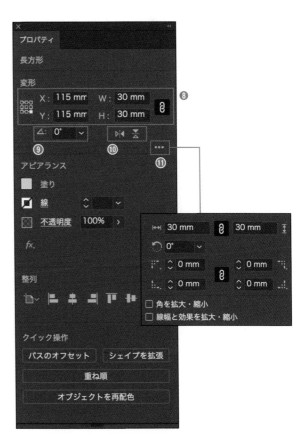

【拡大・縮小ツール、回転ツール】
オブジェクトを拡大・縮小／回転する

Sample Data / 06-07

ドラッグ操作で拡大・縮小する

[拡大・縮小]ツールは、オブジェクトを拡大・縮
小する専用ツールです。バウンディングボックス
でもできますが、基準点や数値を指定するには
[拡大・縮小]ツールを使用します。

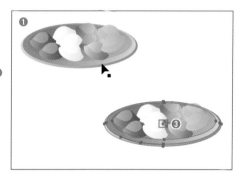

1 サンプルデータの皿のオブジェクトを選択
し（❶）、[拡大・縮小]ツール（❷）を選択す
ると、オブジェクトの中心部に基準点「✛」
が表示されます（❸）。基準点は、クリック
で変更できます。

2 マウスでドラッグ操作すると、基準点を中
心にしてオブジェクトが拡大・縮小します
（❹）。好みの大きさになったら、マウスを
はなします。

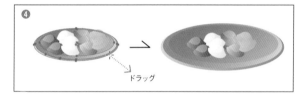

3 マウスでドラッグする際に[shift]キーを押
すと縦横比を固定して拡大・縮小すること
ができます（❺）。また、[option]キーを押
すとオブジェクトを複製して拡大・縮小しま
す。

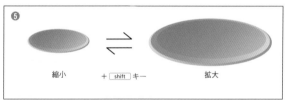

縮小　　+ [shift] キー　　拡大

数値入力で拡大・縮小する

1 [拡大・縮小]ツールでオブジェクトを操作
する際、[option]キーを押しながらクリック
すると[拡大・縮小]ダイアログが表示され
ます（❶）。ここで拡大・縮小のパーセンテ
ージを入力して[OK]や[コピー]をクリック
します。

2 線が設定されているオブジェクトを拡大・
縮小する場合は、[線幅と効果を拡大・縮
小]のオプション（❷）に留意しましょう。た
とえば❸のオブジェクトを縮小したときな
ど、線幅を拡大・縮小しないとバランスが
悪くなることがあるからです（❹）。

40%に縮小

線幅は固定　　　　線幅も縮小

ドラッグ操作で回転する

[回転]ツールは、オブジェクト回転の専用ツール
です。バウンディングボックスでも回転できます
が、基準点や角度を指定するには[回転]ツール
を使用します。

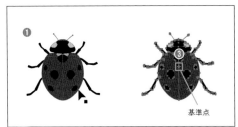

[1] サンプルデータのてんとう虫のオブジェク
トを選択し（❶）、[回転]ツール（❷）を選択
すると、オブジェクトの中心部に基準点
「⊹」が表示されます（❸）。基準点は、クリ
ックで変更できます。

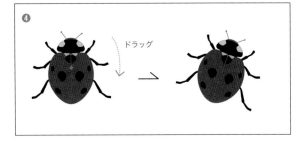

[2] マウスでドラッグ操作すると、基準点を中
心にしてオブジェクトが回転します（❹）。
好みの角度になったら、マウスをはなしま
す。

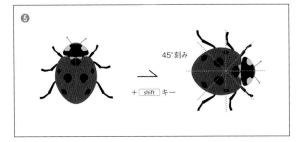

[3] マウスでドラッグする際に shift キーを押
すと角度を45°に限定して回転することが
できます（❺）。また、 option キーを押す
とオブジェクトを複製して回転します。

数値入力で回転する

[1] [回転]ツールでオブジェクトを回転する
際、 option キーを押しながらクリックする
と[回転]ダイアログが表示されます（❶）。
ここで角度を入力して[OK]や[コピー]をク
リックします。

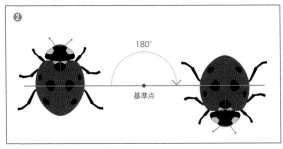

[2] たとえば基準点をオブジェクトの右側に設
定して「角度：180°」として[コピー]ボタン
を押すと❷の結果になります。

図形を反転・ななめにする

ドラッグ操作で反転する

[リフレクト]ツールを使用して、選択したオブジェクトをドラッグ操作で反転させます。

1 サンプルデータの❶のオブジェクトを選択し、[リフレクト]ツール（❷）を選択すると、オブジェクトの中心部にリフレクトの基準点「✦」が表示されます（❸）。この基準点は、クリックすることで変更できます。

2 マウスでドラッグ操作すると、基準点を中心にしてオブジェクトが反転します（❹）。好みの角度になったら、マウスをはなします。

3 マウスでドラッグする際に shift キーを押すと角度を45°に限定して反転することができます（❺）。また、 option キーを押すとオブジェクトを複製して反転します。

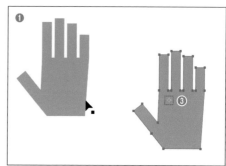

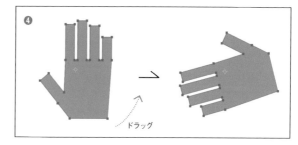

ドラッグ

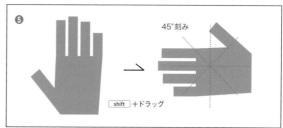

45°刻み

shift ＋ドラッグ

数値入力で反転する

[リフレクト]ツールを使用して、選択したオブジェクトを数値入力で反転させます。

1 [リフレクト]ツールでオブジェクトを反転する際、 option キーを押しながらクリックすると[リフレクト]ダイアログが表示されます（❶）。このダイアログで「水平／垂直」の軸や角度を設定して[OK]や[コピー]をクリックします。

2 サンプルオブジェクトを「リフレクトの軸：水平」で反転すると❷、「リフレクトの軸：垂直」で反転すると❸のようになります。

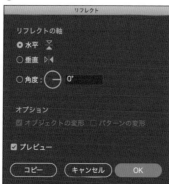

❶

リフレクト

リフレクトの軸

● 水平
○ 垂直
○ 角度： 0°

オプション

☑ オブジェクトの変形　□ パターンの変形

☑ プレビュー

コピー　　キャンセル　　OK

水平リフレクト

垂直リフレクト

ドラッグ操作で斜めに変形する

[シアー]ツールを使用して、選択したオブジェクトをドラッグ操作で斜めに変形します。

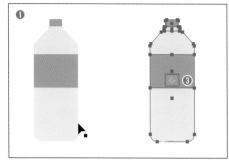

1 サンプルデータの❶のオブジェクトを選択し、[シアー]ツール（❷）を選択すると、オブジェクトの中心部にシアーの基準点「✧」が表示されます（❸）。この基準点は、クリックすることで変更できます。

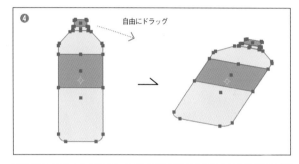

2 マウスでドラッグ操作すると、基準点を中心にしてオブジェクトが斜めに変形します（❹）。好みの形状になったら、マウスをはなします。

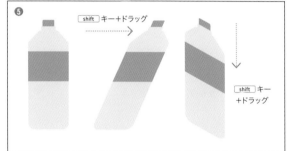

3 マウスでドラッグする際に shift キーを押すと角度を45°に限定して変形することができます（❺）。また、option キーを押すとオブジェクトを複製して変形します。

数値入力で斜めに変形する

[シアー]ツールを使用して、選択したオブジェクトを数値入力で斜めに変形します。

1 [シアー]ツールでオブジェクトを変形する際、option キーを押しながらクリックすると[シアー]ダイアログが表示されます（❶）。このダイアログで変形する方向や角度を入力して[OK]や[コピー]をクリックします。

2 たとえば基準点はオブジェクトの中心のままで「シアーの角度：30°、方向：水平」とすると❷のオブジェクト、「シアーの角度：330°、方向：垂直」とすると❸のオブジェクトのように変形されます。

シアーの角度：30°、方向：水平

シアーの角度：330°、方向：垂直

【リピートコマンド】
オブジェクトを自動的に複製する

リピートコマンドは3種類

[リピート]コマンドは、Ver.25.1から追加された機能です。円状にリピートする「ラジアル」、格子状にリピートする「グリッド」、垂直・水平方向に反転してリピートする「ミラー」の3種類です。

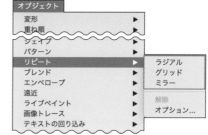

ラジアル

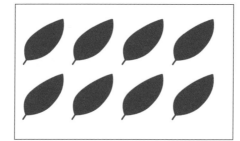
グリッド

ミラー

ラジアルの編集

[リピート]コマンドの「ラジアル」でつくられたオブジェクトは、あとからインスタンス数や半径を変更することができます。

ドラッグ操作で変更する

「ラジアル」でつくられたオブジェクトの周囲に表示されるバウンディングボックス(❶)には、リピートするインスタンス数(❷)、半径(❸)、表示範囲(❹)を変更するハンドルが表示されています。これらを上下／円形にドラッグすることで感覚的に変更できます。

数値入力で変更する

[オブジェクト]メニュー→[リピート]→[オプション]を実行すると、右の[リピートオプション]ダイアログが表示されます。
このダイアログでは、インスタンス数(❺)、半径(❻)を変更できるほか、[重なりを反転]のチェックボックス(❼)もあります。

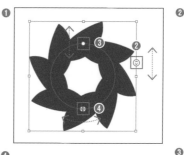

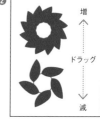
インスタンス数

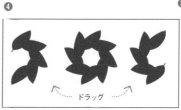
表示範囲

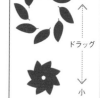
半径

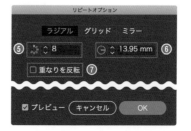

グリッドの編集

ドラッグ操作で変更する

「グリッド」でつくられたオブジェクトの周囲に表示されるバウンディングボックス（❶）には、グリッドの水平方向の間隔（❷）、垂直方向の間隔（❸）、縦・横の表示数（❹）を変更するハンドルが表示されています。これらを上下／左右にドラッグすることで感覚的に変更できます。

数値入力で変更する

［オブジェクト］メニュー→［リピート］→［オプション］を実行すると、［リピートオプション］ダイアログが表示されます。

このダイアログでは、水平方向の間隔（❺）、垂直方向の間隔（❻）、3種類のグリッドを選べる（❼）ほか、［行／列を反転］のオプション（❽）もあります。

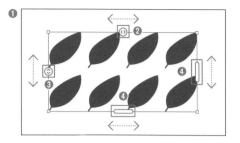

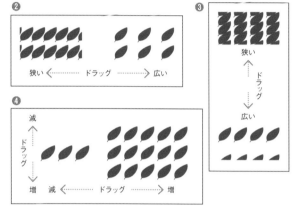

狭い ←――――― ドラッグ ―――――→ 広い

狭い ↑ ドラッグ ↓ 広い

減 ↑ ドラッグ ↓ 増　　減 ←――― ドラッグ ―――→ 増

グリッド　　水平方向オフセットグリッド　　垂直方向オフセットグリッド

ミラーの編集

ドラッグ操作で変更する

「ミラー」をオブジェクトに適用すると、右の画像のように自動的に「リピートミラー編集モード」に入ります。❶の「○」を左右にドラッグすると、中心の軸とオブジェクトとの距離を変更できます。❷の「○」をドラッグすると、❶を中心としてミラー軸の角度を変更できます（❸）。

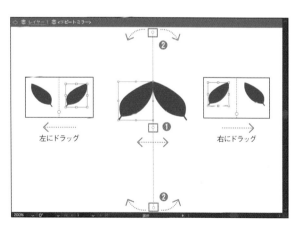

左にドラッグ　　　　　　　右にドラッグ

数値入力で変更する

「ミラー」の［リピートオプション］ダイアログの設定項目は、ミラー軸の角度（❹）のみです。

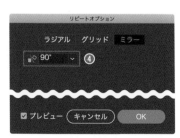

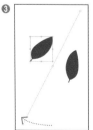

【回転ツール、変形の繰り返し】
回転&コピーで花を作る

回転ツールと変形の繰り返しで花を表現する

「変形の繰り返し」は、拡大・縮小、回転、リフレクト、シアーなどの直前の変形を何度も繰り返し適用できる機能です。
ここでは回転を繰り返して、花のオブジェクトを完成させてみましょう。

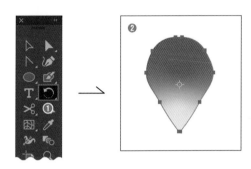

1 サンプルデータのオブジェクトを選択し、続いて[回転]ツール(❶)を選択すると❷のようにオブジェクトの中心に基準点「✧」が表示されます。

2 オブジェクトの下部にカーソルを合わせて option キーを押しながらクリックして基準点を変更します(❸)。

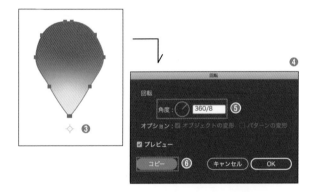

3 [回転]ダイアログが表示されます(❹)。花びらは合計8枚にするので、ダイアログの[角度]の入力ボックスに[360/8]と入力します(❺)。そして、[コピー]ボタン(❻)をクリックします。
この操作で花びらのオブジェクトは❼のようになります。

4 [オブジェクト]メニュー→[変形]→[変形の繰り返し](《 ⌘ + D 》)を選択します(❽)。ステップ3で回転&コピーしたオブジェクトに対し、さらに同じ角度で回転&コピーが適用されるわけです。

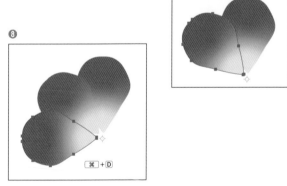

5 [変形の繰り返し]をあと5回実行してオブジェクトを完成させましょう(❾)。
好みで真ん中にオブジェクトを足すなど調整すると、より花らしくなります(❿)。

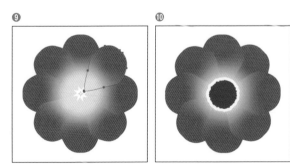

LESSON 06/11

【パペットワープツール】
形状を損なわずに変形する

Sample Data / 06-11

パペットワープツールとは

［パペットワープ］ツールはCC2018リリースから登場した機能です。これは、従来からあった［リシェイプ］ツールよりもオブジェクトの形状を損なわずに変形できます。なお、本書では［リシェイプ］ツールの解説は割愛しています。

パペットワープツールで ピンを打つ

1 サンプルデータを開き、オブジェクトを選択します（❶）。この女性の顔を自然に上向きにしてみましょう。
［パペットワープ］ツールを選択します（❷）。

2 自動的にいくつかのピンが打たれ、メッシュが作成されます（❸）。このままでは意図する変形ができないので、［パペットワープ］ツールで「●」を選択し delete キーですべてのピンを削除します（❹）。

3 ［パペットワープ］ツールでカーソルが「✛」のときに画像の位置に3つピンを打ちます（❺）。［プロパティ］パネルの表示は❻のとおりで、メッシュの大きさ設定、メッシュの表示／非表示などが行えます。

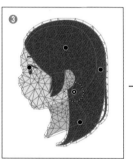
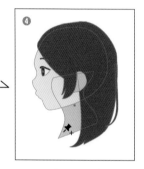

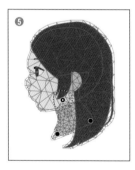

ピンを操作する

1 ピンを選択して、カーソルが中心の「●」と周囲の点線の間にあるときは「▶」になって、ピンを中心にドラッグして回転できます。一方、カーソルを中心の「○」に合わせると「▶」になって、ピンをドラッグ移動できます。
ここでは、❶のピンを選択して、回転させます。この操作で、女性の顔を自然に上向きにすることができます（❷）。

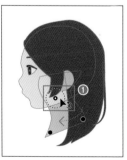
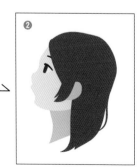

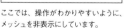
ここでは、操作がわかりやすいように、メッシュを非表示にしています。

リキッドツールは8種類

リキッドツールには右図のように8種類があります。それぞれ効果的な使い方を探してみましょう。

線幅ツール

パスをドラッグすると、線幅を自由に変更できます。

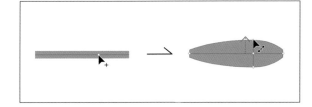

ワープツール

マウスでオブジェクトの上をドラッグすると、マウスの動きに合わせて引っ張られ、歪ませることができます。

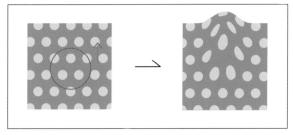

うねりツール

オブジェクトを旋回させ、うずまきのように変形します。

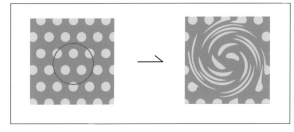

収縮ツール

クリックかドラッグで、中心に向けてアンカーポイントが集まり、収縮するように変形します。

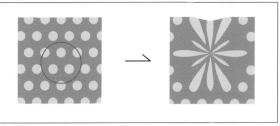

膨張ツール

中心から外側へ膨張するように変形します。

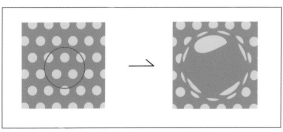

ひだツール

クリックかドラッグで、オブジェクトのアウトラインがひだ状に変形します。

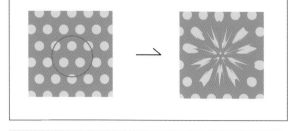

クラウンツール

クリックかドラッグで、オブジェクトのアウトラインが王冠状に変形します。

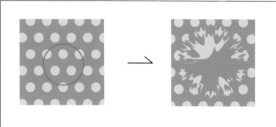

リンクルツール

クリックかドラッグで、オブジェクトのアウトラインに細かいしわのような形状を追加します。

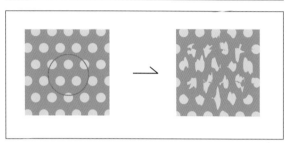

ツールのオプション表示

リキッドツールのそれぞれのアイコンをダブルクリックすると、オプションを設定するダイアログが表示されます。❶は[ワープ]ツールのダイアログ例です。
変形するブラシの大きさは❷、ブラシの角度は❸、変形を適用する強さは❹で設定します。❺のオプションは、各ツールによって項目が異なります。

キー操作でブラシサイズを変更

各リキッドツールのブラシサイズは、 option キーを押しながらドラッグすることで変更できます（❶）。 shift ＋ option キーを押しながらだと、縦横比を保って変更できます。

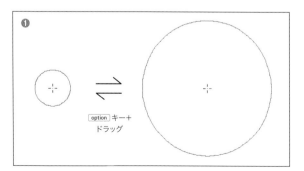

06 LESSON /13

【自由変形ツール】
自由な形に変形する

▍自由自在にオブジェクトを変形する

[自由変形]ツールは、バウンディングボックスの拡大・縮小と回転に加え、オブジェクトに遠近感をつけて変形できるツールです。

サンプルデータのオブジェクトを選択して[自由変形]ツール(❶)を選択すると、「タッチウィジェット」と呼ばれる[自由変形]ツール用のサブツール(❷)が表示され、オブジェクトはバウンディングボックスと似たようなハンドルが表示されます(❸)。

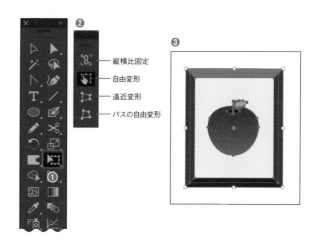

縦横比固定
自由変形
遠近変形
パスの自由変形

▍遠近変形

1. 「タッチウィジェット」から[遠近変形](❹)をクリックします。

2. 四隅のハンドル「○」にカーソルを合わせて下にドラッグすると(❺)、遠近感をつけて変形できます(❻)。

▍パスの自由変形

1. 「タッチウィジェット」から[パスの自由変形](❼)をクリックします。

2. 四隅のハンドル「○」にカーソルを合わせて自由にドラッグして(❽)変形できます(❾)。ドラッグの際に shift キーを押すと水平・垂直方向に限定して変形できます。

「タッチウィジェット」の[自由変形]の機能はバウンディングボックスと同じなので割愛します。

Ai

07

オブジェクトの配置と
加工方法

07 LESSON / 01

【整列パネル】
オブジェクトを整列させる

Sample Data / 07-01

整列パネルの概要

整列パネルを使用すると、オブジェクトの整列や分布が可能です。整列パネルを表示するには、[ウィンドウ]メニュー→[整列]を選択します。グループ化しているオブジェクトはグループ単位で整列、分布ができ、アンカーポイントの整列や分布も同様に行うことができます。

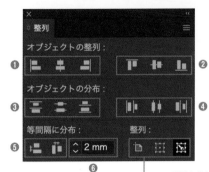

整列や分布の基準
左から[アートボードに整列]
[選択範囲に整列]
[キーオブジェクトに整列]

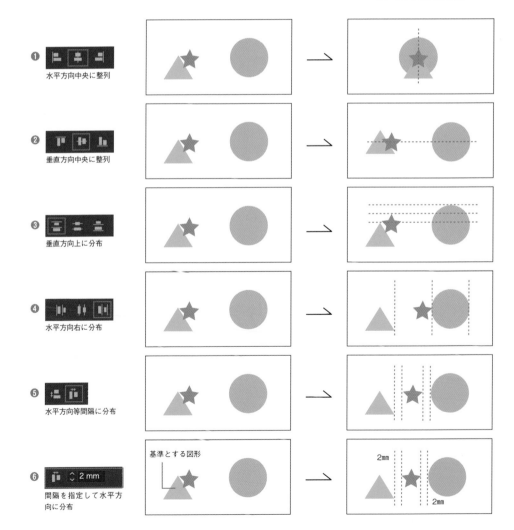

❶ 水平方向中央に整列

❷ 垂直方向中央に整列

❸ 垂直方向上に分布

❹ 水平方向右に分布

❺ 水平方向等間隔に分布

❻ 間隔を指定して水平方向に分布

基準とする図形

2mm

2mm

整列パネルでバラバラの
オブジェクトを整列させる

右の簡単な作例（❶）を使って、バラバラのオブ
ジェクトを整列させてみましょう。

垂直方向上に整列させる

1　[選択]ツールですべてのオブジェクトを選
　　択します（❷）。

2　[整列]パネル→[垂直方向上に整列]（❸）
　　をクリック。

3　選択しているオブジェクトの一番上端に合
　　わせて、オブジェクトが揃えられます（❹）。

一番高い位置にあるオブジェクトに揃う

水平方向等間隔に分布させる

1　すべてのオブジェクトが選択されている状
　　態のまま（❺）、[等間隔に分布]の[水平方
　　向等間隔に分布]ボタン（❻）をクリックし
　　ます。

2　両端の位置はそのままで、それぞれのオブ
　　ジェクトが等間隔に配置されます（❼）。

等間隔に揃う

数値指定で水平方向等間隔に分布させる

1　すべてのオブジェクトが選択されている状
　　態で、一番左のオブジェクトを[選択]ツー
　　ルでクリックします。この操作で輪郭が太
　　く表示されますが、これはキーオブジェク
　　トに指定されたことを意味しています（❽）。

2　[等間隔に分布]の数値を「5mm」と
　　して[水平方向等間隔に分布]をクリ
　　ックします（❾）。一番左のオブジェ
　　クトを基準に、設定どおりに5mm間
　　隔で並びます（❿）。

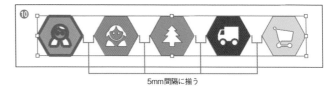

5mm間隔に揃う

スナップとスマートガイドで配置する

スナップ機能で
オブジェクト同士をくっつける

離れたオブジェクトをぴったりくっつけてみます。ポイントやガイドへのスナップ機能を使うと、マウス操作で簡単にオブジェクト同士をくっつけることができます。

「ポイントにスナップ」がオンかチェック

まずは[表示]メニュー→[ポイントにスナップ]にチェックが入っているかを確認します。一方、[グリッドにスナップ]と[ピクセルにスナップ]にはチェックが入っていないことを確認しましょう。

サンプルデータで操作する

1 サンプルデータの左側にあるオブジェクト（❶）で実際に操作してみましょう。

2 [選択]ツールで蓋のオブジェクトをクリックし、選択状態にします（❷）。

3 スナップさせたいアンカーポイント上にポインタを重ねます（❸）。
スナップさせたいアンカーポイントがバウンディングボックスの表示と重なっていてやりにくい場合は、[ダイレクト選択]ツールに切り替えるか、バウンディングボックスを非表示にします。

4 スナップさせたいアンカーポイント（❹）までドラッグし、ポインタが白抜きに変わったらマウスボタンをはなします。

5 2つのオブジェクトがぴったりくっつきました（❺）。

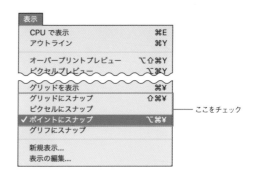

表示

CPU で表示	⌘E
アウトライン	⌘Y
オーバープリントプレビュー	⌥⇧⌘Y
ピクセルプレビュー	⌥⌘Y
グリッドを表示	⌘¥
グリッドにスナップ	⇧⌘¥
ピクセルにスナップ	
✓ ポイントにスナップ	⌥⌘¥
グリフにスナップ	
新規表示...	
表示の編集...	

ここをチェック

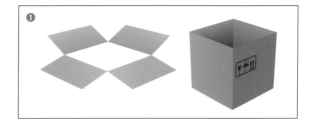

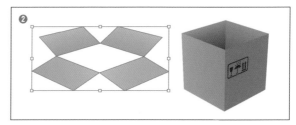

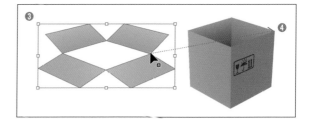

スマートガイドを使って
オブジェクトを配置する

スマートガイドは、パスやアンカーポイントにポインタを重ねたりドラッグをしたりすると、周囲のオブジェクトとの距離やドラッグする角度などの情報が表示される機能です。ポイントやパスに合わせてオブジェクトを配置・整列する際にとても役立ちます。

「スマートガイド」がオンかチェック

まずは[表示]メニュー→[スマートガイド]にチェックが入っているかを確認します。このメニューのショートカットは《 ⌘ + U 》と簡単なので、必要に応じて表示／非表示を切り替える習慣をつけるとよいでしょう。

サンプルデータで操作する

1 サンプルデータの右側にあるオブジェクト（❶）で実際に操作してみましょう。

2 [ダイレクト選択]ツールを選択し、❷のポイントをクリックし、❸の位置にまでドラッグします。このとき、❹のように「交差」と表示が出ていることを確認しましょう。

3 次に、❺のポイントをクリックし、❻の位置にまでドラッグします。ここまでの操作で、片方の蓋が閉じられました（❼）。

4 同様の操作を行い、もう片方の蓋のオブジェクトも閉じます（❽）。
開いたままの蓋のパーツは削除してもいいでしょう（❾）。

表示　ウィンドウ　ヘルプ	
CPUで表示	⌘E
アウトライン	⌘Y
オーバープリントプレビュー	⌥⇧⌘Y
ピクセルプレビュー	⌥⌘Y
コーナーウィジェットを隠す	
境界線を隠す	⌘H
✓ スマートガイド	⌘U
遠近グリッド	▶
アートボードを隠す	⇧⌘H

ここをチェック

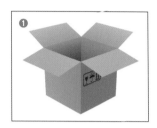

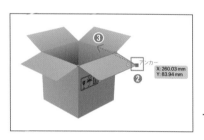

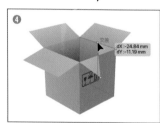

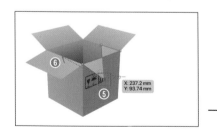

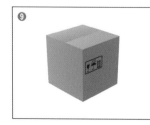

複数のオブジェクトをグループ化する

グループ化で複数のオブジェクトを 1つのオブジェクトとして扱う

複数のオブジェクトをグループ化します。グループ化されると、1つのオブジェクトとして移動、変形、効果の適用などができるようになります。

1 サンプルデータ（❶）を開きます。次に［選択］ツールで全体を囲むようにドラッグしてオブジェクト全体を選択します（❷）。アートワークの一部をグループ化したい場合は、1つずつクリックして選んでもかまいません。

2 ［オブジェクト］メニュー→［グループ］（《 ⌘ ＋ G 》）を選択します（❸）。

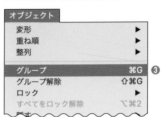

3 選択されているオブジェクトがグループ化されます。オブジェクトのある部分をクリックすると全体が選択されて、グループ化されていることがわかります（❹）。

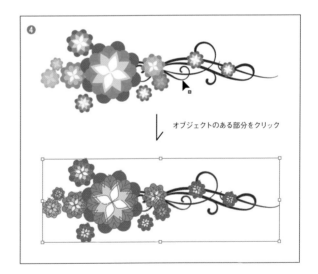

オブジェクトのある部分をクリック

4 グループ化を解除したいときは、オブジェクトを選択した状態で、［オブジェクト］メニュー→［グループ解除］（《 shift ＋ ⌘ ＋ G 》）を選択します。

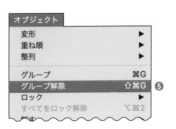

グループ編集モードの使い方

グループオブジェクトを編集する場合、グループ解除して編集し、またグループ化をするのは効率的ではありません。「グループ編集モード」を利用するとよいでしょう。

1. 前ページでグループ化した❶は、ⓐⓑⓒ3つのグループがグループ化された構造になっています。たとえばⓒは、グループ化された2つのグループオブジェクトで構成されています（ⓓⓔ）。

2. グループオブジェクトをダブルクリックしてみましょう。[グループ編集モード]に入り、ウインドウの左上に灰色の「編集モードバー」（❷）が表示されます。これで、ⓐ〜ⓒのグループをそれぞれ選択できるようになります。❸はⓒを選択したところです。

3. ⓒをダブルクリックしてみましょう。「編集モードバー」の階層が深くなり（❹）、ⓒ以外は薄くなって選択できなくなります（❺）。これで、ⓒを構成するオブジェクトⓓⓔを編集できるようになります。

4. ⓔをダブルクリックすると、「編集モードバー」の階層がさらに深くなります（❻）。
   グループ編集モード中は、❼の矢印をクリックすると1つ上の階層へ戻ります。また、❽の箇所をクリックすることで、直接その階層へ移ることもできます。
   編集モードの終了方法は、次の3つです。
   ・編集モードバーの余白をクリック（❾）
   ・ドキュメントの余白（❿）をダブルクリック
   ・[esc]キー

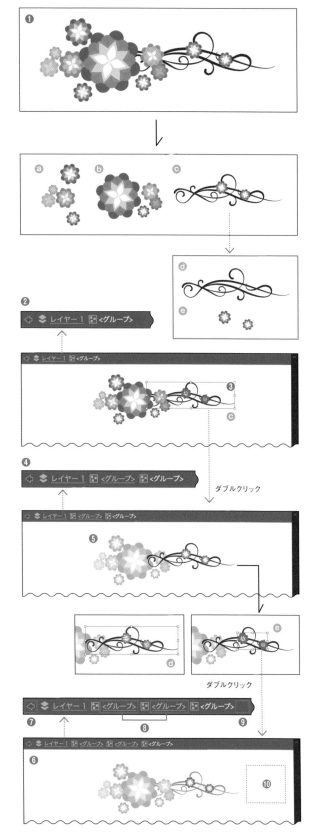

複数のオブジェクトを合体させて
1つのオブジェクトを作成する

[パスファインダー]パネルを使うと、複数のオブジェクト同士を簡単に合体させることができます。便利に使える機能なので、ぜひ覚えておきましょう。ここでは、円と長方形を組み合わせた雲を表現してみましょう。

1 サンプルデータを開き、❶のオブジェクトを[選択]ツールですべて選択します(❷)。

2 [パスファインダー]パネルの[形状モード]の[合体]ボタン(❸)をクリックします。これだけの操作で、オブジェクト全体が合体され、1つのオブジェクトになります(❹)。また、[合体]ボタンをクリックする際に option キーを押してクリックしても同様に1つのオブジェクトにできます(❺)。

3 プレビュー表示だと2つのオブジェクトの違いはわかりませんが、[表示]メニュー→[アウトライン](❻)を実行してみましょう。単にクリックした場合はオブジェクト自体が合体されていますが(❼)、 option キーを押してクリックした場合は、オブジェクト自体は合体されず、見た目だけが合体される「複合シェイプ」になります(❽)。
合体した後に形を修正したい場合は、「複合シェイプ」で作成するとよいでしょう。

> [パスファインダー]パネルの[形状モード]にある[合体][前面オブジェクトで型抜き][交差][中マド]のボタンは、 option キーを押しながらクリックすることで複合シェイプにすることができます。

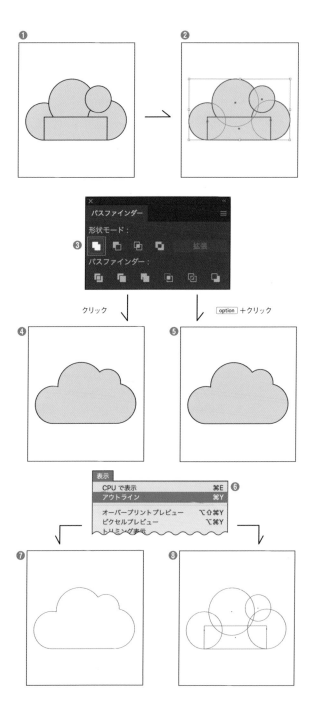

❶ ❷

パスファインダー
形状モード:
❸
拡張
パスファインダー:

クリック ❹

option +クリック ❺

表示
| CPU で表示 | ⌘E |
| アウトライン | ⌘Y | ❻
オーバープリントプレビュー	⌥⇧⌘Y
ピクセルプレビュー	⌥⌘Y
トリミング表示	

❼ ❽

型抜きで新たな
オブジェクトを作成する

[パスファインダー]パネルの「前面オブジェクト
で型抜き」を使って、穴のあいたチーズを表現し
てみましょう。

1　サンプルデータの❶のオブジェクトを使い
ます。

2　黒い丸のオブジェクトを[選択]ツールです
べて選択し(❷)、黄色い扇形のオブジェク
トに重ねます(❸)。

3　オブジェクトを[選択]ツールで選択したら
(❹)、[パスファインダー]パネルの[形状
モード]の[前面オブジェクトで型抜き]ボ
タン(❺)をクリックします。

4　背面のオブジェクトが前面のオブジェクト
で型抜きされ、穴開きのチーズが表現でき
ました(❻)。

5　[前面オブジェクトで型抜き]ボタンは、普
通にクリックするとオブジェクト自体が編
集され、[option]キーを押してクリックする
と、オブジェクト自体は編集されず、見た
目だけが変化する「複合シェイプ」になりま
す(❼)。

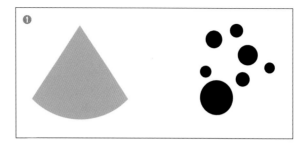

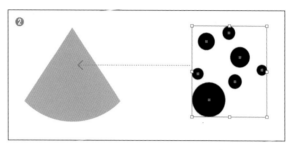

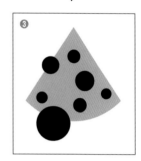

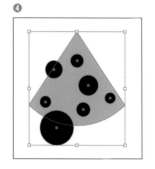

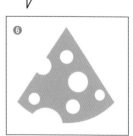

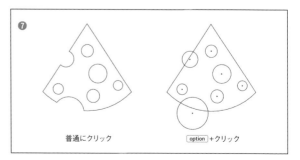

普通にクリック　　　　　[option]+クリック

パスで区切られた部分で
オブジェクトを分割する

[パスファインダー]パネルの[分割]は、パスで区切られた部分にオブジェクトを分割します。ここでは、オブジェクトをオープンパスで分割する例を見ていきます。

1 サンプルデータの❶のオブジェクトを使います。

2 黒い線のオブジェクトを[選択]ツールで選択し（❷）、「CUT」という文字状のオブジェクトに重ねます（❸）。

3 オブジェクトを[選択]ツールで選択したら（❹）、[パスファインダー]パネルの[パスファインダー]の[分割]ボタン（❺）をクリックします。

4 [分割]ボタンをクリックしすると、黒い線が消えただけに見えます（❻）。アウトライン表示にすると、線の部分で分割されていることがわかります（❼）。

5 オブジェクトはグループ化されているので、分割された下の部分を[ダイレクト選択]ツールで選択するか、ダブルクリックして「グループ編集モード」で選択しましょう（❽）。

6 選択した部分を別の色に変更してみましょう（❾）。

【複合パス】
複合パスを作成する

穴が開いた
オブジェクトを表現する

複合パスは、複数のオブジェクトを1つのオブジェクトとして合成し、オブジェクトが重なった部分を抜いて透明に表示させる機能です。

1 [選択]ツールで、重なりあった2つのオブジェクトを選択します（❶）。

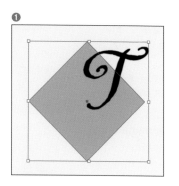

❶

2 [オブジェクト]メニュー→[複合パス]→[作成]（《⌘+8》）を選択します（❷）。あるいは、control＋クリック（右クリック）のコンテキストメニューから[複合パスを作成]（❸）を選んでも同じです。

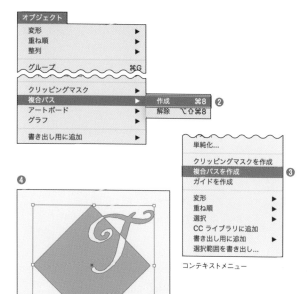

3 重なった部分がくり抜かれ、背景が見えるようになります。なお、複合パスを実行すると、最背面のオブジェクトの塗りや線の設定（ここでは緑色）が適用されます（❹）。

❹

4 複合パスの解除は、[オブジェクト]メニュー→[複合パス]→[解除]（《option＋shift＋⌘+8》）です（❺）。あるいは、control＋クリック（右クリック）のコンテキストメニューから[複合パスを解除]（❻）を選びます。

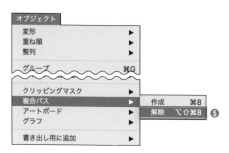

コンテキストメニュー

コンテキストメニュー

07/06

LESSON

【重ね順】
オブジェクトの重ね順を変える

Sample Data / 07-06

複数のオブジェクトを扱う際に 覚えておきたい重ね順の変更方法

重なっているオブジェクトの順番を入れ替えてみ
ましょう。ここでは、下にあるオブジェクトを一
番上にしてみます。複数のオブジェクトを扱って
いくうえで、オブジェクトの重ね順の操作は必須
なので、しっかり覚えましょう。

1 サンプルデータを開きます（❶）。

2 ［選択］ツールで背面にあるオブジェクト
（❷）をクリックして選択します。

3 マウスの control ＋クリック（右クリック）で
表示されるコンテキストメニューから［重ね
順］→［最前面へ］（《 shift ＋ ⌘ ＋ ］ 》）
を選択します（❸）。

4 オブジェクトの重ね順が替わります（❹）。
オブジェクトの前後移動には、以下に挙げ
るショートカットキーがあります。覚えてお
くと便利でしょう。

最前面へ：《 shift ＋ ⌘ ＋ ］ 》
前面へ：《 ⌘ ＋ ］ 》
背面へ：《 ⌘ ＋ ［ 》
最背面へ：《 shift ＋ ⌘ ＋ ［ 》

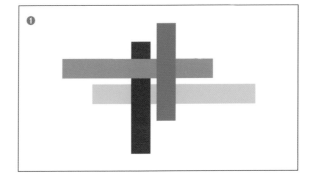

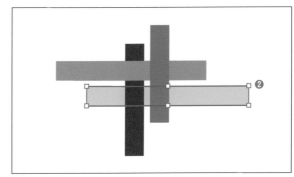

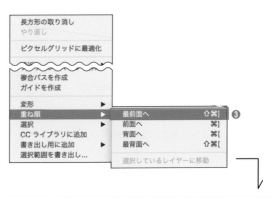

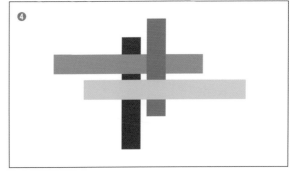

128

07 【ワープ・最前面のオブジェクトで作成】
ほかのオブジェクトを利用して変形する

ほかのオブジェクトの形状を 利用して変形する

「エンベロープ」の機能を使うと、既存のオブジェクトを別のオブジェクトの形状を利用して変形できます。ここでは、正円のオブジェクトで別のオブジェクトを変形してみましょう。

1 [選択]ツールで、変形させたいオブジェクト（グレーの格子模様）と、変形の元にしたいオブジェクト（正円のオブジェクト）を同時に選択します（❶）。このとき、変形の元にしたいオブジェクトを最前面にしておきます。ショートカットは《 option + ⌘ + C 》です。

2 [オブジェクト]メニュー→[エンベロープ]→[最前面のオブジェクトで作成]を選択します（❷）。

3 赤のストライプが最前面のオブジェクトの形状に変形されます（❸）。エンベロープを適用したあとでオブジェクトを編集するには、[オブジェクト]メニュー→[エンベロープ]→[オブジェクトを編集]を選択します。

❶
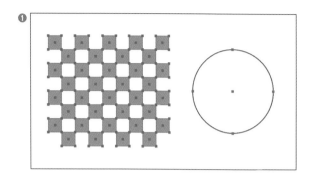

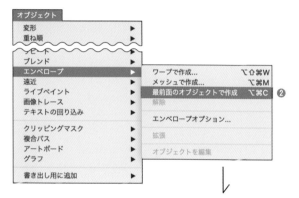
❷

❸
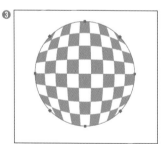

ここも *CHECK!*

「ワープで作成」「メッシュで作成」

[オブジェクト]メニュー→[エンベロープ]には、ここで見た[最前面のオブジェクトで作成]以外に[ワープで作成][メッシュで作成]があります。

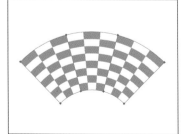
ワープで作成（円弧）の例

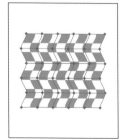
メッシュで作成の例

徐々に変形するオブジェクトの作成

形状や色が徐々に変化する
オブジェクトをブレンドツールでつくる

[ブレンド]ツールを使うと、複数のオブジェクト
の色や形、不透明度をブレンドして、中間のオブ
ジェクトを作成できます。これにより、徐々に形
状が変化する様子を表現できます。

ブレンドオブジェクトを作成する

1　サンプルデータを開いて2つのオブジェク
トを選択し（❶）、[ブレンド]ツール（❷）を
クリックします（❸）。

2　小さな鳥のオブジェクトお腹のポイントを
クリックし（❹）、続いて大きな鳥の同様の
ポイントを option +クリックします（❺）。

3　[ブレンドオプション]ダイアログが表示さ
れるので、[スムーズカラー]のままで[OK]
をクリックします（❻）。
[スムーズカラー]は、オブジェクトのカラ
ーが滑らかなグラデーションで変化するよ
うに、ブレンドのステップ数が自動で設定
されます（❼）。
なお、ブレンドの仕方には[スムーズカラ
ー][ステップ数][距離]の3種類がありま
す（❽）。

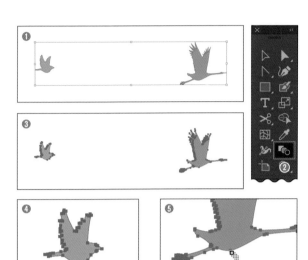

ブレンドオプションを変更する

1　作成したブレンドオブジェクトを選択して、
[オブジェクト]メニュー→[ブレンド]→[ブ
レンドオプション]を選択します（❶）。

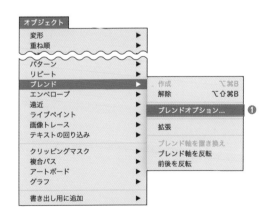

2 [ブレンドオプション]ダイアログが表示されるので、「ステップ数：6」にして[OK]をクリックします（❷）。
左右のオブジェクトの間に6つの中間オブジェクトが作成されました（❸）。

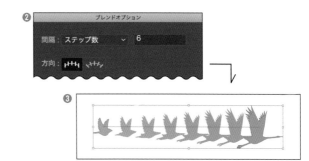

3 今度は[ブレンドオプション]ダイアログで「距離：30mm」にして[OK]をクリックします（❹）。この操作で、ブレンドオブジェクトは❺のようになります。

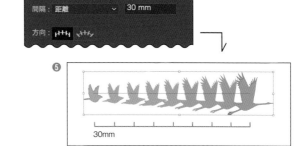

30mm

ブレンド軸を反転する

ブレンドオブジェクトを選択して、[オブジェクト]メニュー→[ブレンド]→[ブレンド軸を反転]を実行すると、ブレンドするオブジェクトが入れ替わります（❻）。

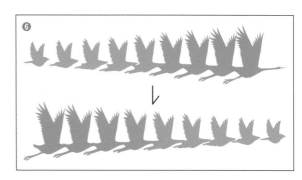

ブレンド軸を修正する

[ダイレクト選択]ツールや[ペン]ツールを使って、ブレンド軸を自由に修正できます。右図は、ブレンド軸にコーナーポイント／スムーズポイントを追加して、修正した結果です（❼）。

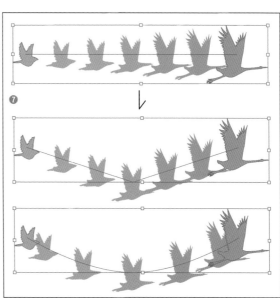

画像を配置する

【画像の配置、リンクと埋め込み】

アートボード上に画像を配置する

アートボード上には、写真やイラストなど、さまざまな画像を配置することができます。配置する方法はすべて同じです。ここでは写真を配置してみましょう。

1. [ファイル]メニュー→[配置]を選択します（❶）。ショートカットは《 shift + ⌘ + P 》です。もしくは、Finderからアートボードにドラッグ＆ドロップしても配置できます。

2. 配置ファイルを選ぶウィンドウが表示されます。フォルダを指定し（❷）、配置したい画像を選択して（❸）、[配置]（❹）をクリックします。

3. ᗑᕯᕯのポインタが表示されるので、任意の位置をクリックするか（❺）、ドラッグします（❻）。クリックした場合は、100％の縮尺で画像が配置されます。

4. ステップ②で複数の画像を選択すると、❼のようなカーソルになり、連続してアートボードに画像を配置することができます。

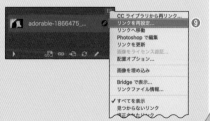

↓

配置した画像の差し替え

配置した画像を差し替えるには、[プロパティ]パネルの[リンクファイル]ボタン（❽）をクリックし、ポップアップ表示から[リンクを再設定]（❾）を選んでステップ②の操作を行います。

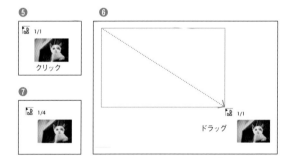

画像が配置される

配置画像はリンク画像と 埋め込み画像の2種類がある

Illustratorのファイルには、画像をリンクで配置するほか、画像データを埋め込むことができます。

リンク画像と埋め込み画像

1. たとえば、❶のような1つの画像が配置されているファイルがあったとします。

2. この画像がリンク画像か埋め込み画像かは、選択してみると一目瞭然です。❷のように枠に「×」印がついているほうがリンク画像、❸のように何もついていないものは埋め込み画像です。

3. [リンク]パネルの表示では、ファイル名と🔗アイコンがある場合(❹)はリンク画像、ファイル名だけ(❺)なら埋め込み画像です。また、[プロパティ]パネルでは、リンク画像は「リンクファイル」(❻)、埋め込み画像では「画像」(❼)と表示されます。

画像の埋め込みと埋め込みの解除

1. リンク画像を埋め込むには、[リンク]パネルのメニューの[画像を埋め込み](❶)か[プロパティ]パネルで[埋め込み](❷)をクリックします。

2. 一方、埋め込み画像の埋め込みを解除するには、[リンク]パネルのメニューの[埋め込みを解除](❸)か、[プロパティ]パネルの[埋め込みを解除]をクリックします(❹)。埋め込みを解除する場合、画像を保存するための[埋め込みを解除]ダイアログが表示されるので、好みのファイル名で保存すればOKです(❺)。

> 配置した元画像を修正したり差し替えたりする場合は、リンク画像にしておいたほうが便利です。一方、画像を配置した状態が最終形の場合は、埋め込み画像にしたほうが画像の添付忘れなどがなくなるので便利です。

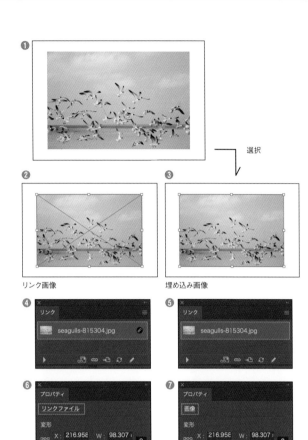

選択

リンク画像

埋め込み画像

名前を入力

07/10

LESSON

【クリッピングマスク、ペンツール】
画像をトリミング（マスク）する

Sample Data / 07-10

プロパティパネルで
画像をトリミングする

［プロパティ］パネルを使って配置した画像をワン
タッチで マスク処理 する方法と、画像を 切り抜く
方法を見ていきましょう。

［プロパティ］パネルの［マスク］

1 配置された画像を選択して（❶）、［プロパ
ティ］パネルの［クイック操作］の［マスク］
（❷）をクリックします。そうすると画像全
面が長方形でマスクされます（❸）。

2 マスク範囲を変更するには、［プロパティ］
パネルの［クイック操作］の［マスク編集モ
ード］（❹）をクリックします。

3 画像が薄く表示されてマスク範囲だけが編
集対象になり（❺）、自由に範囲を変更でき
ます（❻）。

ドラッグして変更

［プロパティ］パネルの［画像の切り抜き］

1 配置された画像を選択して（❶）、［プロパ
ティ］パネルの［クイック操作］の［画像の切
り抜き］（❷）をクリックします。

2 画像上に切り抜く範囲を示すハンドルが表
示されるので、目的の範囲になるようにド
ラッグ操作します（❸）。

3 return キーを押すと切り抜きが適用され
ます（❹）。
［プロパティ］パネルで［画像の切り抜き］を
適用すると、リンク画像は埋め込み画像に
なり、切り抜かれた部分以外の画像は削
除されます。

134

パスを描いて
画像をトリミングする

クリッピングマスクを使用すると、円形や四角形だけでなく、自由に描いたクローズパスで背面のオブジェクトや画像をマスクできます。

画像を円形でトリミングする

1 画像の上に正円を描き、画像と作成した前面のパスを両方選択します(❶)。

2 [プロパティ]パネルの[クイック操作]の[クリッピングマスクを作成](❷)をクリックするか、control+クリック(右クリック)のコンテキストメニューから[クリッピングマスクを作成](❸)を選びます。

3 背面の画像が前面のパスでマスクされ、パスで囲まれた部分だけが表示されます(❹)。クリッピングマスクの範囲を編集するには[プロパティ]パネルの[クイック操作]の[マスク編集モード](❺)、解除するには[マスクを解除](❻)をクリックします。

画像を自由に描いたパスでトリミングする

1 [ペン]ツールで、切り抜きたい部分を囲むようにパスを描きます(❶)。
パスを描くときは、背面の画像をロックしておくとよいでしょう。複数のクローズパスを描く場合、複合パスにします。

2 [選択]ツールで、背面の画像と作成した前面のパスを選択します(❷)。

3 [プロパティ]パネルの[クイック操作]の[クリッピングマスクを作成](❸)をクリックするか、control+クリック(右クリック)のコンテキストメニューから[クリッピングマスクを作成](❹)を選びます。

4 背面の画像が前面のパスでマスクされ、パスで囲まれた部分だけが表示されます(❺)。解除するには[プロパティ]パネルの[クイック操作]にある[マスクを解除]をクリックします。

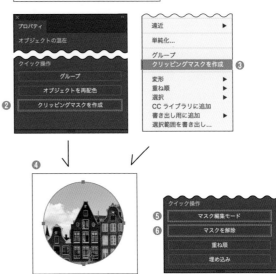

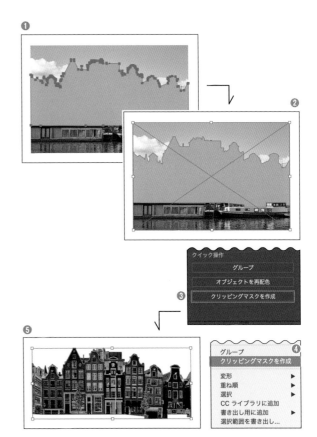

複数のオブジェクトを個別に
回転・拡大／縮小する

複数のオブジェクトを個別に変形してみます。多数のオブジェクトをランダムに配置するのにとても役立ちます。

1 　[選択]ツールで、個別に変形させたいオブジェクトをすべて選択します（❶）。

2 　[オブジェクト]メニュー→[変形]→[個別に変形]を選択します（❷）。ショートカットは《 option ＋ shift ＋ ⌘ ＋ D 》です。

3 　[個別に変形]ダイアログが表示されたら❸の数値に設定し、[ランダム]をチェックして[OK]ボタンをクリックします。
[ランダム]のチェックをオン／オフすると、そのつど変形の結果が変わります。

4 　選択したオブジェクトがランダムに変形しました（❹）。

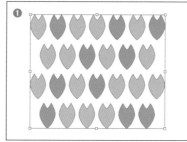

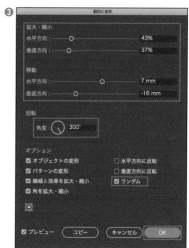

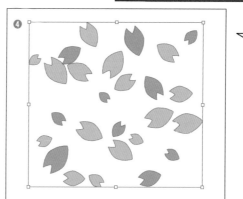

Ai

LESSON

08

塗りと線の設定と
アピアランス

カラーパネル

オブジェクトの「塗り」と「線」に好みの色を設定したり、調合や編集したりするパネルです。

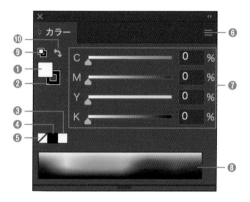

❶	塗り	塗りの色設定はここをクリック。ダブルクリックするとカラーピッカーが表示される
❷	線	線の色設定はここをクリック。ダブルクリックするとカラーピッカーが表示される
❸	ホワイト	ここをクリックして塗りや線の色にホワイト（C=0 M=0 Y=0 K=0）を適用
❹	ブラック	ここをクリックして塗りや線の色にブラック（K=100）を適用
❺	なし	クリックで塗りや線の色を「なし」に設定
❻	パネルメニュー	クリックでパネルメニューが表示され、カラーモードの変更などができる
❼	カラースライダー	スライダーをドラッグして、色を調合できる。また、右のボックスで数値入力も可能。調整可能な色の種類は選択されているカラーモードによって異なる
❽	スペクトルバー	任意のポイントをクリックして色指定ができる。スペクトルバーは選択されているカラーモードで異なる
❾	初期設定の塗りと線	塗りと線の設定を初期設定に戻す
❿	塗りと線の入れ替え	塗りと線の設定を入れ替える

スウォッチパネル

アートワークの制作過程で作成したカラーやグラデーション、パターンに名前をつけて、スウォッチ（色見本）として登録するパネルです。

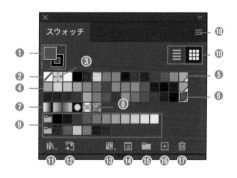

❶		塗りと線。カラーパネルの塗りと線と連動
❷		［なし］。クリックで塗りや線の色を「なし」に設定
❸		［レジストレーション］。クリックで塗りや線の色をレジストレーションに設定。レジストレーションは、分版出力時にすべての版に表示される特殊な色で、通常はトンボに使用される
❹		プロセスカラースウォッチ
❺		グローバルカラースウォッチ（右下に白い三角形がある）。グローバルカラースウォッチに変更を加えると、それが適用されているすべてのオブジェクトに変更が反映される。「スウォッチオプション」ダイアログで設定できる
❻		特色スウォッチ（右下に白い三角形と「・」がある）。特色は、あらかじめ混合された特殊なインキのことで、このスウォッチを適用したオブジェクトは、特色で印刷される。「スウォッチオプション」ダイアログで設定できる
❼		グラデーションスウォッチ
❽		パターンスウォッチ
❾		カラーグループ。よく使うスウォッチを扱いやすいようにグループ化したもの
❿		リスト形式で表示／サムネイル形式で表示
⓫		スウォッチライブラリメニュー
⓬		現在のライブラリに選択したスウォッチとカラーグループを追加
⓭		スウォッチの種類メニューを表示
⓮		スウォッチオプション。カラーグループが選択されている場合は、「カラーグループを編集」に変わる
⓯		新規カラーグループ
⓰		新規スウォッチ
⓱		スウォッチを削除
⓲		パネルメニュー

グラデーションパネル

徐々にカラーが変化していくグラデーションを設定するパネルです。分岐点にさまざまなカラーを設定することで複雑なアートワーク表現が可能になります。

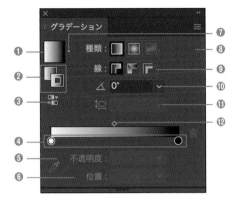

❶	グラデーションのサムネールを表示
❷	塗り／線。グラデーションを塗りか線に適用
❸	グラデーションの向きを反転
❹	グラデーションスライダー。グラデーションを構成する色とその位置を設定
❺	不透明度。分岐点に設定されている色の不透明度を設定
❻	位置。選択されている分岐点または中間点の位置を%で指定。0%がグラデーションの開始位置、100%が終了位置
❼	グラデーションメニュー。ドキュメントに保存されているグラデーションスウォッチを選択
❽	種類。グラデーションの種類を「線形」「円形」「フリー」から選択
❾	線。線にグラデーションをどう適用するかを選択
❿	角度。線形グラデーションの角度を指定
⓫	縦横比。円形グラデーションの縦横比を設定
⓬	グラデーションの中間点。グラデーションの中間点を表し、ドラッグして位置を変更

カラーガイドパネル

ある基準になる色を指定すると、その色に合った配色を提示してくれるパネルです。アートワーク制作で統一感のある配色をする際に便利です。

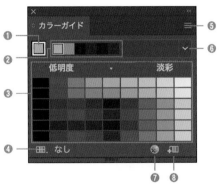

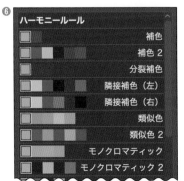

❶	ベースカラー
❷	現在選択中のハーモニールールにしたがって、ベースカラーから生成されたカラー
❸	中央の列に❷の選択中のカラーがあり、左右にそのカラーバリエーションが表示される。パネルメニューで「淡彩・低明度」「暖色・寒色」「ビビッド・ソフト」から選択できる
❹	カラーグループをスウォッチライブラリのカラーに制限。デフォルトで用意されているさまざまなスウォッチライブラリのほか、ユーザーが個別に設定したライブラリの色に制限して表示する機能
❺	パネルメニュー。バリエーション効果の種類などを変更
❻	ハーモニールール。このプルダウンメニューからさまざまなハーモニールールを選択
❼	カラーを編集。クリックするとカラーを編集ダイアログが表示され、詳細にカラーを編集できる
❽	カラーグループをスウォッチパネルに保存

オブジェクトの「塗り」と「線」に
色をつける

オブジェクトの「塗り」と「線」に色をつけてみましょう。「塗り」と「線」、どちらの属性に着色するかは[カラー]パネルのアイコンのクリックで指定できます。

1　色を設定したいオブジェクトを[選択]ツールで選択し（❶）、[カラー]パネルの[塗り]アイコンを選択して❷のように色を指定します。設定した色が適用されました（❸）。

2　また、ⓐ〜ⓒも右図のように設定し、それぞれのオブジェクトに色をつけます（❹）。

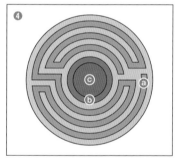

ⓐ [C=40 M=30 Y=20 K=0]
ⓑ [C=50 M=50 Y=30 K=0]
ⓒ [C=30 M=60 Y=60 K=0]

3　すべてのオブジェクトを選択し、[線]アイコンを選択します。線の色を[白（C=0 M=0 Y=0 K=0）]に設定します（❺）。
この操作で、オブジェクトは❻のようになります。

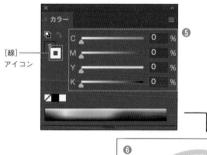

塗りと線の切り替え
塗りと線の選択の切り替えは、ツールバーで行うこともできます。

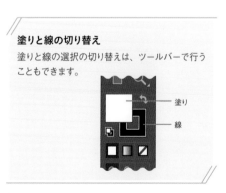

塗り
線

【スウォッチパネルの使い方】
スウォッチを作成する

スウォッチ作成には2種類の方法がある

新しいスウォッチを作成して登録してみましょう。スウォッチ作成には、ダイアログで数値を指定する方法と、[カラー]パネルからドラッグする方法があります。

数値指定でスウォッチを作成する

1　[スウォッチ]パネル右下にある[新規スウォッチ]ボタン(❶)を選択します。

2　[新規スウォッチ]ダイアログ(❷)で、作成するスウォッチの名称やカラータイプ、カラーモードといった各種設定を行い、[OK]をクリックします。
スウォッチの名前は、設定したカラー値をつけておくとわかりやすいでしょう。作成したスウォッチが[スウォッチ]パネルに追加されます(❸)。

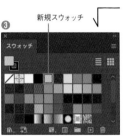

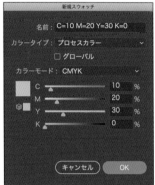

新規スウォッチ

[カラー]パネルからドラッグする

1　[カラー]パネルでスライダーを動かすなどして目的の色を作成します(❶)。ここでは[塗り]の色として作成しています。

2　この[塗り]のカラー表示の部分から、[スウォッチ]パネルへドラッグします(❷)。

3　こうした一連の簡単な操作で、スウォッチが追加されます(❸)。

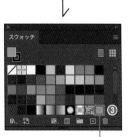

新規スウォッチ

【グローバルカラースウォッチ】
よく使う色をスウォッチ登録する

グローバルカラースウォッチは
カラーの一括変更が便利

グローバルカラースウォッチとして作成したカラーは、スウォッチを編集することでそのカラーが適用されているオブジェクトを一括で変更することができます。

グローバルカラースウォッチの登録

1　サンプルデータを開きます（❶）。リンゴの赤色を登録してみましょう。赤色のオブジェクトを選択し（❷）、[スウォッチ]パネルの[新規スウォッチ]をクリックします（❸）。

2　表示される[新規スウォッチ]ダイアログで[グローバル]にチェックを入れて（❹）[OK]をクリックします。

3　右下に白い三角が表示されたグローバルカラースウォッチが登録されました（❺）。

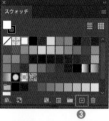

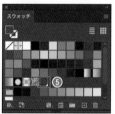

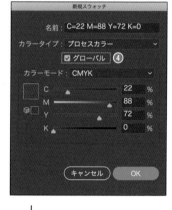

スウォッチの編集

1　[スウォッチ]パネルで登録した赤色のスウォッチをダブルクリックします（❶）。

2　[スウォッチオプション]ダイアログでカラーを変更します（❷）。このとき[プレビュー]にチェックを入れるとカラーの変化を確認しながら変更できるので便利です。値が決まったら[OK]をクリックします。

3　グローバルカラースウォッチが適用されていた赤いリンゴが、黄色がかった緑色のリンゴになりました（❸）。

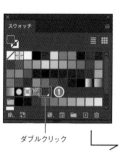

ダブルクリック

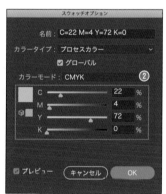

【グラデーションパネルの使い方】
グラデーションを設定する

グラデーションを設定する

ガラス窓のオブジェクトにグラデーションをつけてみましょう。[グラデーション]パネルを使うと、簡単にオブジェクトにグラデーション表現を加えることができます。

オブジェクトにグラデーションを適用

1 サンプルデータを開き(❶)、[選択]ツールで背面にあるグレーのオブジェクトを選択します(❷)。

2 [グラデーション]パネルのサムネール(❸)をクリックして、グラデーションを適用します(❹)。

グラデーションのカラーを変更

1 グラデーションスライダ右端にあるグラデーション分岐点(❶)をクリックして、[カラー]パネルで[C=60 M=10 Y=0 K=0]に変更します(❷)。この操作でグラデーションは❸のように変化します。

2 次に、グラデーションの角度、カラー分岐点や中間点を❹のように設定します。この操作で、鏡のオブジェクトは❺のように変化します。
[グラデーション]パネルにある[グラデーションを編集]をクリックすると、角度や中間点を変更するハンドルが表示され、グラデーションを感覚的に変更することができます(❻)。

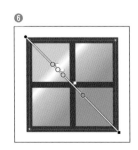

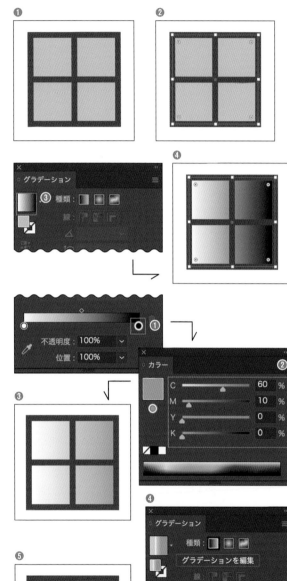

ⓐ角度=−45°
ⓑC=30 M=5 Y=0 K=0 位置=27%
ⓒC=0 M=0 Y=0 K=0 位置=33%
ⓓC=30 M=5 Y=0 K=0 位置=39%
ⓔC=60 M=10 Y=0 K=0 位置=62%
ⓕ位置=50%(3つとも)

【フリーグラデーション】
自由にグラデーションを設定する

Sample Data / 08-06

フリーグラデーションは「ポイント」と「ライン」の2種類

フリーグラデーションは線形・円形グラデーションと違い、グラデーションの範囲や広がりを指定できます。

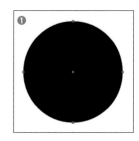

フリーグラデーションの「ポイント」を適用する

グラデーションの開始

1. サンプルデータの円形のオブジェクトを使用します（❶）。

2. オブジェクトを選択したら[グラデーション]パネルの[フリーグラデーション]（❷）をクリックします。パネルの表示が❸のように変わり、ランダムにポイント（❹）が追加されます。

ポイントの移動と追加

1. マウスをフリーグラデーションのポイントに重ねると指の形になり、この状態でドラッグするとポイントを移動できます（❺）。また、ポイントのない部分では「○＋」のマークが表示されて新たにポイントを追加できます（❻）。

2. ポイントの移動や追加で、円形の四隅にポイントを配置してみましょう（❼）。

3. たとえば一番下のポイントを選択し、[カラー]パネルで好みのカラーを適用すると、❽のようになります。残り3つのポイントも同様にカラーを適用すると❾のグラデーションが表現できます。

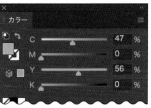
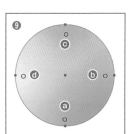
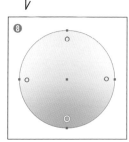

ⓐ C=47 M=0 Y=56 K=0
ⓑ C=48 M=0 Y=0 K=0
ⓒ C=0 M=35 Y=0 K=0
ⓓ C=0 M=0 Y=47 K=0

ポイントのスプレッドを変更する

1. たとえば右側のブルーのポイントを選択し、カーソルをその上に重ねてみましょう。円形の点線の下部に「○」が表示されていることがわかります（❶）。

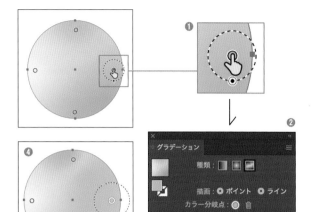

2. このとき、[グラデーション]パネルの表示は❷のとおりで、円形の点線は「スプレッド」の大きさ（❸）を意味しています。

3. 「◉」をドラッグしてスプレッドを大きくしてみましょう。操作に応じて青の範囲が大きくなりました（❹）。

フリーグラデーションの「ライン」を適用する

グラデーションの開始とラインの連結

1. サンプルデータの長方形のオブジェクトを使用します（❶）。フリーグラデーションの「ポイント」と同様に[グラデーション]パネルの[フリーグラデーション]をクリックすると❷のようになります。なお、このグラデーション表示はランダムなので、毎回同じとは限りません。

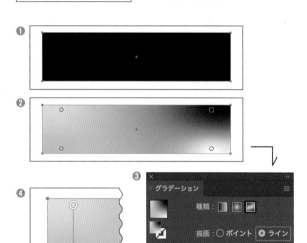

2. [グラデーション]パネルの[ライン]（❸）をクリックしたら、左上のポイント→左下のポイントとクリックしていきます（❹）。同様に右上のポイントまで連続してクリックしてみましょう（❺）。

ポイントの移動

1. マウスをラインでつながったポイントに重ね、たとえば❻のように移動します。ポイント間のラインは自動的に引き直されます。

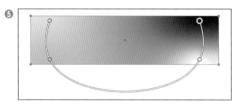

2. それぞれのポイントのカラーを前ページの設定と同じにしてみましょう（❼）。

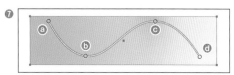

ⓐ C=47 M=0 Y=56 K=0
ⓑ C=48 M=0 Y=0 K=0
ⓒ C=0 M=35 Y=0 K=0
ⓓ C=0 M=0 Y=47 K=0

【カラーガイド】
カラーガイドを活用する

ベースカラーの類似色で オブジェクトを彩色する

[カラーガイド]パネルは、選択しているカラーと
調和するカラーバリエーションを表示します。色
の選択に困ったときなどは、このカラーガイドを
活用するとよいでしょう。

カラーガイドから好みの配色を選ぶ

1 サンプルデータの三角形が並んだオブジェ
クトを使用します（❶）。

2 オブジェクトを選択して[ウィンドウ]メニュ
ー→[カラーガイド]で[カラーガイド]パネ
ルを表示させます（❷）。次にパネルメニュ
ーから「ビビッド・ソフトを表示」を選び
（❸）、[ハーモニールール]から「類似色」を
選びます（❹）。

3 これらの操作で表示される[カラーガイド]
パネルは❺のとおりです。

オブジェクトに配色する

1 サンプルデータ（❶）のそれぞれのオブジェ
クトを選択し、[カラーガイド]パネルに表
示されたカラー（❷）をクリックして自由に
適用します。

2 それぞれのオブジェクトに類似色を設定す
ることで、統一感のある配色をすることが
できます（❸）。

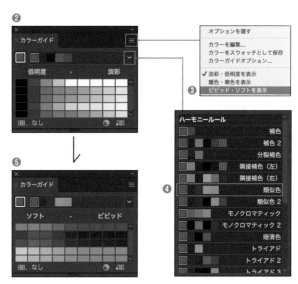

ハーモニールールによる
オブジェクトの再配色

[カラーガイド]パネルでは、ベースカラーをもとにした[ハーモニールール]に基づいてオブジェクトを再配色することができます。

1 サンプルデータのひし形が並んだオブジェクトを使用します(❶)。

2 背景のオレンジ色のオブジェクト(❷)を選択して、[カラーガイド]パネルの[現在のカラーをベースカラーに設定]ボタン(❸)をクリックします。

3 オブジェクト全体を選択して、[オブジェクトを再配色](❹)をクリックすると[オブジェクトを再配色]ダイアログが開きます(❺)。

4 [ハーモニールール]ボタン(❻)をクリックして、[類似色](❼)を選択したら[OK]をクリックします。この操作で、背景の類似色でオブジェクトが再配色されます(❽)。

次項では、自由にカラーを編集する「オブジェクトの再配色」について見ていきます。

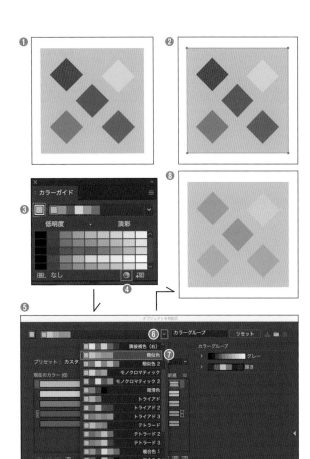

ハーモニールールについて

[カラーガイド]パネルの[ハーモニールール]には23種類も用意されていて、なかには「テトラード」や「ペンタード」など聞き慣れない言葉が並んでいます。
■(M=50 Y=100)を基準カラーにして、どのような法則性で集められたカラーなのか、主なものを挙げておきます。

補色2
ベースカラーとその色相の反対に位置する色

類似色
ベースカラーとその色相に近い色

モノクロマティック2
ベースカラーの明度・彩度のみを変えた色

トライアド
色相環の中で正三角形状に位置する色

テトラード
色相環の中で正方形状に位置する色

ペンタード
色相環の中で正五角形状に位置する色

カラーの編集による
オブジェクトの再配色

前項では、カラーのさまざまな[ハーモニールール]に基づいたオブジェクトの再配色を見ました。ここでは、ユーザーがカラーを編集して行う<mark>オブジェクトの再配色</mark>について見ていきます。

[オブジェクトを再配色]ダイアログ

1. サンプルデータの色鉛筆が並んだオブジェクトを使用します（❶）。

2. 色鉛筆本体のオブジェクトを選択したら（❷）、[編集]メニュー→[カラーを編集]→[オブジェクトを再配色]（❸）を実行します。

3. オブジェクトを再配色するためのダイアログが表示されます（❹）。ダイアログの中央にある「カラーホイール」には、アートワークで選択した4つの色が配置されます。

   このダイアログの各部の機能は右表を参照してください。

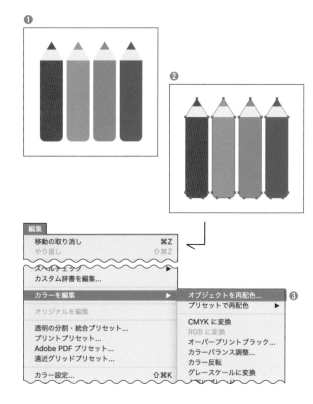

ⓐ	プリセットやユーザーが定義したスウォッチライブラリからカラーを選択
ⓑ	再配色後のカラー数を設定
ⓒ	カラーテーマピッカー。クリックかドラッグすることで画像やアートワークからカラーテーマを抽出
ⓓ	カラー配列をランダムに変更
ⓔ	彩度と明度をランダムに変更
ⓕ	カラーホイール。アートワークで選択したカラーがこの上に表示される。大きな「◎」はベースカラー
ⓖ	カラーホイール上にあるカラーの相対的な位置関係を固定（リンク）か個別に移動可能か（リンク解除）を設定
ⓗ	スライドを左右にドラッグして、カラーの重みづけを変更。あるカラーの幅を広くすると、オブジェクトがその色味になる
ⓘ	カラーホイールに明度と色相を表示
ⓙ	カラーホイールに彩度と色相を表示
ⓚ	明度あるいは彩度を調整
ⓛ	詳細オプションつきのダイアログを表示

ハンドルを移動してカラーを編集する

1. 各カラーがリンクされた状態（❶）でカラーホイール内のベースカラー「◎」を❷のあたりにドラッグしてみましょう。

2. ベースカラーの変更にともない、アートワークの色味が変更されました（❸）。

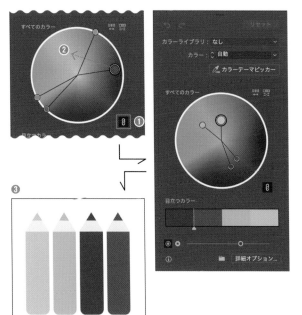

影やコントラストを保って
色を変更する

先の色鉛筆の作例は単色でしたが、同系色で濃淡があるオブジェクトでも、オブジェクトの再配色で簡単に カラーバリエーション をつくることができます。

1. サンプルデータの本のオブジェクトを使用します（❶）。

2. 紙の部分以外のオブジェクトを選択したら（❷）、[編集]メニュー→[カラーを編集]→[オブジェクトを再配色]を実行してダイアログを表示します（❸）。「リンク」アイコン（❹）がオンなのを確認してハンドルを好みの色になるように移動します（❺）。

3. 同様の操作を繰り返すと、❻のように簡単にカラーバリエーションがつくれます。

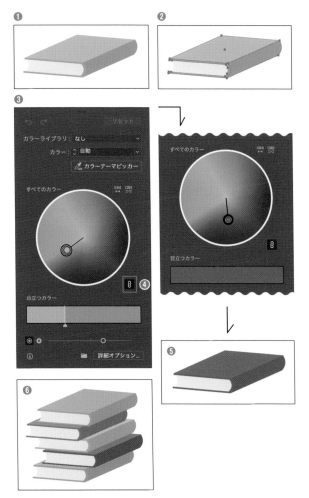

08/09

LESSON

【ライブペイントツール】
塗り絵感覚で色を適用する

Sample Data / 08-09

塗り絵のようにカラーを適用できるライブペイント

ライブペイントは、オブジェクトをパスで区切られた領域に分け、ぬり絵感覚でカラーを適用できるようにするものです。

ライブペイントグループの特徴

1 サンプルデータの上部に並んでいるオブジェクトは、両方ともまったく同じに見えます（❶）。[ツール]パネルから[ライブペイント]ツール（❷）を選択し、オブジェクトの上に重ねてみましょう。

2 左側のオブジェクトに重ねたときだけ、パスで区切られた部分に赤い太枠が表示されます（❸）。左側はライブペイントグループで、右側は塗りの異なる5つの通常のオブジェクトです。ライブペイントグループは構成するオブジェクトを移動させると、自動的に塗りの部分も変化します（❹）。

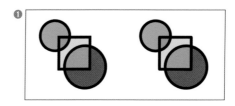

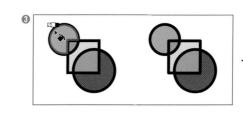

オブジェクトを移動

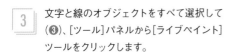

塗りの範囲が変化　　　こちらはバラバラ

ライブペイントグループを作成する

1 サンプルデータの下部にあるアウトライン化したテキストを使用します（❶）。

2 「塗り」「線」とも「なし」の線を[ペン]ツールでランダムに描きます（❷）。

3 文字と線のオブジェクトをすべて選択して（❸）、[ツール]パネルから[ライブペイント]ツールをクリックします。

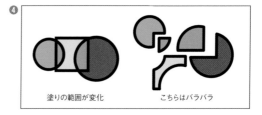

4　カーソルをオブジェクトの上に重ねると「ク
リックしてライブペイントグループを作成」
と表示されるので、クリックしましょう（④）。
いったんライブペイントグループにすると、
オブジェクトを選択しなくても［ライブペイ
ント］ツールで着色できます（⑤）。
なお、［ツール］パネルの［ライブペイント］
ツールアイコンをダブルクリックすると⑥
の［ライブペイントオプション］ダイアログ
が表示され、ここで強調表示の色や幅など
を変更できます。

好みのカラーを適用する

1　カラーが適用される範囲は、赤い枠で強調
表示（①）されるので、同じ色を適用したい
部分を連続してクリックしていきます（②）。

2　同様にして、文字の部分すべてに色を適
用していきます（③）。

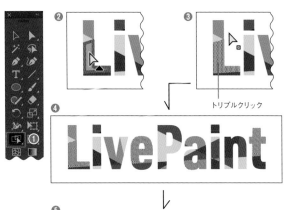

［ライブペイント選択］ツール

1　ライブペイントグループの一部を選択する
には、［ツール］パネルの［ライブペイント
選択］ツールを選択します（①）。

2　カーソルをオブジェクト上に乗せると、選
択する部分が強調表示され（②）、クリック
すると網状の表示で表現されます（③）。

3　選択した部分をトリプルクリックすると、
同じカラーの部分が選択されます（④）。こ
の状態で別のカラーを指定すれば、一度
に変更できます（⑤）。

ライブペイントグループの拡張

ライブペイントグループを通常のオブジェクトと
して扱うには、オブジェクトを選択して［プロパ
ティ］パネルの「クイック操作」にある［拡張］（①）を
クリックします。また、［オブジェクト］メニュー→
［ライブペイント］→［拡張］を実行しても同じで
す。

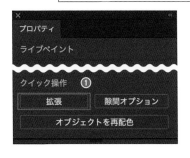

LESSON 08/10

【線パネル】
線パネルの使い方

Sample Data / No Data

線パネル各部の機能

線の設定は[ウィンドウ]メニュー→[線]で表示される[線]パネルで行います。線幅や線のさまざまな形状、破線の設定、端点の矢印設定などを行うことができます。なお、[プロパティ]パネルの[線]をクリックしても同じ表示がポップアップします。

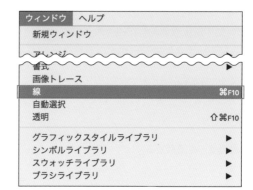

線端の形状
オープンパスの線の両端の形状を選択できます。この機能を使えば丸い破線が作成できます。

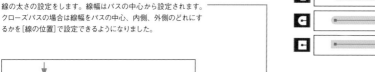

バット先端
丸型先端
突出先端

線幅
線の太さの設定をします。線幅はパスの中心から設定されます。クローズパスの場合は線幅をパスの中心、内側、外側のどれにするかを[線の位置]で設定できるようになりました。

線幅

角の形状
パスのコーナーの形状を選択できます。

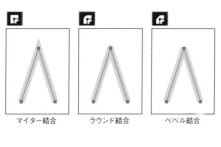

マイター結合　　ラウンド結合　　ベベル結合

線の位置
クローズパスの場合、パスに対する線の位置が設定できます。

線を中央に揃える　線を内側に揃える　線を外側に揃える

角の比率
角の形状で[マイター結合]が選択されている場合、角の形状がベベルに切り替わる比率を設定します。

線幅×4

角の長さが線幅の4倍以下なのでマイターになる

角の比率：4

線幅×3

角の長さが線幅の3倍以上なのでベベルになる

角の比率：3

【線幅の設定】
線の太さを設定する

線幅と線の位置の設定

オープンパスの「線幅」を変更してみます。また、クローズパスに対して設定できる「線の位置」についても見ていきましょう。

線幅の設定

1 [ペン]ツールで描画した渦巻状のパスを[選択]ツールですべて選択します（❶）。

2 [線]パネルの[線幅]の数値を[9pt]と入力し（❷）、return キーを押します。線の太さが指定した数値の太さに変更されました（❸）。

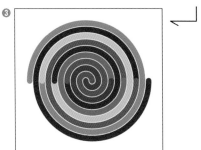

線の位置

線の位置を変えてみます。クローズパスを選択し、[線]パネルで[線の位置]をクリックします。選べる線の位置は[線を中央に揃える][線を内側に揃える][線を外側に揃える]の3種類です。デフォルトは[線を中央に揃える]です。

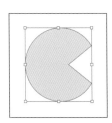

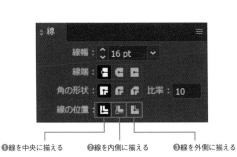

❶線を中央に揃える　❷線を内側に揃える　❸線を外側に揃える

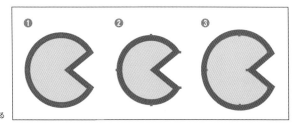

破線と点線を設定する

楕円形の線を破線と点線にしてみます。[線]パネルで破線の線分と間隔、線端の形状をそれぞれ設定していきます。

1 波型のパスを選択します（❶）。

2 [線]パネルの[破線]（❷）をチェックして、[線分：12pt][間隔：6pt]（❸）に変更してみましょう（❹）。

3 次は、この破線を点線にします。[線端]を[丸型線端]にして（❺）、破線の設定を[線分：0pt][間隔：4pt]（❻）に変更すると❼の点線になります。

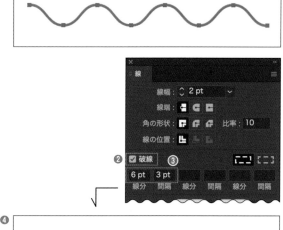

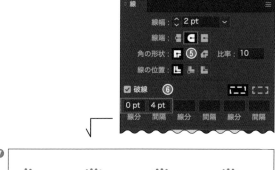

コーナーやパス先端をきれいにする

多角形のオブジェクトなどで線を破線・点線にした場合、角がきれいに並ばないことがあります（❶）。そのときは、[線分と間隔の正確な長さを保持]（❷）を[コーナーやパス先端に破線の先端を整列]（❸）に変更するときれいに揃います（❹）。

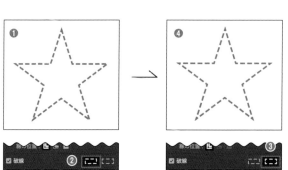

線パネルの矢印の形状は39種類

1. [線]パネルを表示します（❶）。オープンパスを矢印にするには、[矢印]のプルダウンメニュー（❷）から目的のものを選びます。

2. 矢印の形状は39種類も用意されているので、目的に合ったものを選ぶことができます（❸）。この例は、左側のプルダウンメニューのものです。右側のものは右側に矢印が表示されます。

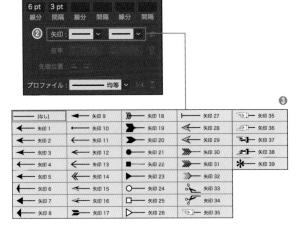

始点・終点に矢印を設定する

1. オープンパスを選択します（❶）。

2. [線]パネルから[矢印]の左側のメニューを[矢印17]、右側メニューを[矢印15]に設定します（❷）。左側が始点、右側が終点です。パスの始点と終点にそれぞれ選択した矢印が設定されました（❸）。
矢印を元に戻すには始点と終点を[なし]にします。

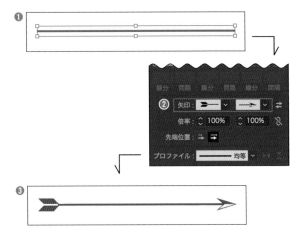

3. [線]パネルの[倍率]（❹）では、始点・終点別に矢印形状の倍率を変更でき、[先端位置]（❺）で矢印の開始位置を変更することができます（❻）。

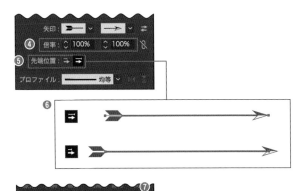

4. [矢印の始点と終点を入れ替え]（❼）をクリックすると矢印の向きが切り替わります（❽）。

LESSON 08/13

【アピアランスパネル】
アピアランスを理解する

Sample Data /08-13

アピアランスは外観だけを変化させる機能

アピアランスは、元のオブジェクトの基本構造は変更せず、外観だけを変化させる機能です。設定を何度もやり直すことができ、また複数のアピアランスを適用できるので、1つのオブジェクトで複雑な形状を表現することも可能です。

1. サンプルデータを開きます（❶）。一見するとジグザグの線が2種類、背景にカラーが異なる3つの円形のオブジェクトがあるように見えます。しかし、《⌘＋Y》でアウトライン表示にすると、単純な1つの円形であることがわかります（❷）。

2. ［ウィンドウ］メニュー→［アピアランス］（❸）を実行して、［アピアランス］パネルを表示します。1つのオブジェクトに、「線」が3つ「塗り」が1つ設定されていることがわかります（❹）。

アピアランスパネルの機能

1. ［アピアランス］パネル各部の機能は、右の表を参照してください。

2. ［プロパティ］パネルにも［アピアランス］欄として基本的な情報が表示されます（❶）。詳細なアピアランスの内容を表示する場合は、［アピアランスパネルを開く］ボタン（❷）をクリックして、［アピアランス］パネルを表示させます。

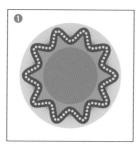

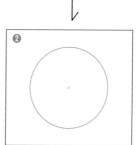

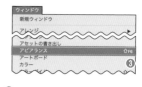

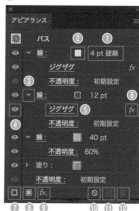

❶	「線」や「塗り」のカラーを設定
❷	線幅などの情報を表示
❸	「線」や「塗り」の不透明度や適用されている効果を表示
❹	目アイコンのクリックで表示・非表示を切り替え
❺	点線の下線がある項目は、クリックすることで数値入力のウィンドウが開く
❻	「fx」の表示は、効果が適用されていることを示す
❼	新規の線を追加
❽	新規の塗りを追加
❾	ここから直接「効果」を設定
❿	適用されているアピアランスをすべて消去
⓫	選択した項目を複製
⓬	選択した項目を削除

❷ ［アピアランスパネルを開く］ボタン

156

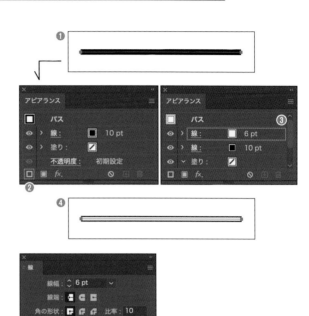

LESSON 08/14

【線のアピアランス】
鉄道路線やフチ付き文字を作る

地図上の鉄道路線を
アピアランスで表現する

複数のパスが重なっているように見えるオブジェクトでも1つのオブジェクトで表現できます。ここでは、パスに線のアピアランスを複数追加し、鉄道路線を作成してみます。

JRの線路を描く

1 サンプルデータのパスを選択します（❶）。その線を選択した状態で、［アピアランス］パネルの［新規線を追加］（❷）をクリックします。線が追加されるので、［線幅：6pt］［色：C=0 M=0 Y=0 K=0］に変更します（❸）。この操作でパスは❹のようになります。

2 6ptの白線を選択し、［線］パネルで［破線］をチェックし（❺）、最初の線分の値を［18pt］にします（❻）。これで、JR線路のでき上がりです（❼）。

そのほかの線路のバリエーション

JR線路の駅や、JR以外の私鉄の線路記号、路面電車などもアピアランスで表現できます。下にいくつか挙げておきましょう。

駅つきJR線路

白線幅：15pt	破線：線分44pt／間隔150pt
黒線幅：20pt	破線：線分50pt／間隔136pt
白線幅：6pt	破線：線分18pt
黒線幅：10pt	

JR以外の私鉄

黒線幅：2pt	
黒破線：14pt	線分2pt／間隔14pt

路面電車

黒線幅：2pt
白線幅：11pt
黒線幅：15pt

枕木つきの線路

黒破線：26pt	線分8pt／間隔12pt
白線幅：14pt	
黒線幅：18pt	

フチ付き文字を
アピアランスで表現する

アピアランスは、テキストオブジェクトにも適用できます。ここでは、線を2つ追加して、フチ付き文字を作成してみます。

1　サンプルデータのテキスト（❶）を選択し、[アピアランス]パネルを表示します（❷）。

2　[新規線を追加]ボタン（❸）をクリックすると、「線」（と「塗り」）が追加されます（❹）。

3　[アピアランス]パネルで「文字」を「線」の上までドラッグし（❺）、[線幅：5pt][角の形状：ラウンド結合]にします（❻）。

4　さらに[新規線を追加]ボタンをクリックして線を追加します。下のほうの「線」を選択して[線幅：15pt]に変更し、ポップアップの[スウォッチパネル]でブルーのカラーを選択します（❼）。

5　ここで、ステップ3で設定した黒色の線を白色にしてみましょう（❽）。

❶

フォント：凸版文久見出しゴシック エクストラボールド

❷

❸

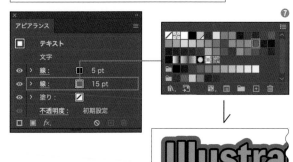

❼

【複数の効果の設定】
複数のアピアランスを適用する

1つのオブジェクトに 複数の効果を設定する

アピアランス機能の優れている点として、1つの
オブジェクトに複数の「線」「塗り」「効果」を加え
られることが挙げられます。ここでは、複数の効
果を設定してみましょう。

1 サンプルデータを開き、[アピアランス]パ
ネルでテキストオブジェクトの色を背景と
同じに設定します(❶)。

2 テキストオブジェクトを選択して[新規効果
を追加]ボタン(❷)から[スタイライズ]→
[光彩(内側)]を選び、❸のように設定しま
す。

3 新規に白の塗りを追加し(❹)、[新規効果
を追加]ボタンで[アーティスティック]→
[粒状フィルム]を選び❺のように設定しま
す。次に[描画モード:乗算][不透明度:
80%]にします(❻)。

4 さらに白の塗りを「文字」の下に追加します
(❼)。追加した白の塗りに[新規効果を追
加]ボタンで[パスの変形]→[変形]選んで
❽のように設定し、[不透明度:50%]に
します(❾)。
この一連の操作で、エンボス加工を施した
テキストオブジェクトを表現できます(❿)。

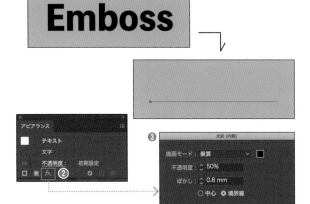

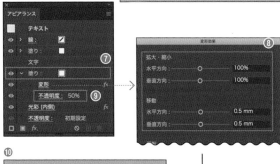

【アピアランスの分割】
アピアランスの分割を適用する

アピアランスの見た目どおりに オブジェクトを変更する

効果は、元のオブジェクトはそのままで見た目を変更するのが特徴です。アピアランスの分割は、効果で変更した見た目どおりにオブジェクトを変える機能です。

1. 花びら状のサンプルデータを用います。上はプレビュー表示、下はアウトライン表示です（①）。

2. [アピアランス]パネルを見ると、それぞれ効果が適用された4種類の線が1つの円形に設定されているオブジェクトであることがわかります（②）。

3. [オブジェクト]メニュー→[アピアランスを分割]をクリックします（③）。
[アピアランスを分割]を実行しても、見た目は変わりません（④）。
オブジェクトを選択したり、アウトライン表示にしたりすると、パスが見た目どおりに変更されているのがわかります（⑤）。

オブジェクトはグループ化されているので、オブジェクトを個別に編集したい場合はグループ解除を行うか、ダブルクリックして選択オブジェクト編集モードに移行しましょう。

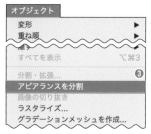

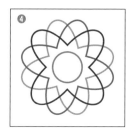

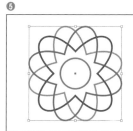

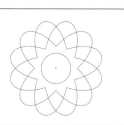

ここも CHECK!

「分割・拡張」について

「アピアランスの分割」コマンドのすぐ上には「分割・拡張」があります。このコマンドはアピアランスが適用されているオブジェクトには使えません。
たとえばサンプルデータの下のオブジェクトは円形に幅広い破線が適用されています。これに「分割・拡張」を適用すると、右図のように破線部分がオブジェクトに変換されます。

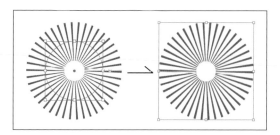

Ai

LESSON

09

文字の入力と編集

LESSON 09/01

【文字入力に関するツールとパネル】

文字入力に関するツールを理解する

Sample Data / No Data

文字入力に使用するツール

文字入力に関するツールには、下図の7種類があります。

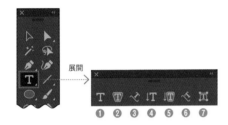

❶	[文字]ツール。クリックした位置を始点として文字を入力する「ポイント文字」用のツール。文字を入力した分だけ文字列の幅が伸びていく
❷	[エリア内文字]ツール。パスで囲まれたテキストエリアの中に文字列を入力する。エリアの境界線では行が自動的に折り返される
❸	[パス上文字]ツール。パスに沿って文字入力をする
❹	[文字(縦)]ツール。❶の縦組み用
❺	[エリア内文字(縦)]ツール。❷の縦組み用
❻	[パス上文字(縦)]ツール。❸の縦組み用
❼	[文字タッチ]ツール。個別の文字に対して移動や拡大・縮小、回転などの操作をする

文字入力に使用するパネル

文字の書体や行送りを変更する[文字]パネル、インデントや禁則処理といった設定を行う[段落]パネルは、[ウィンドウ]メニュー→[書式](❶)のサブメニューに収められています(❷)。
この中で最も使用頻度が高いのは、[文字]パネルと[段落]パネルでしょう。

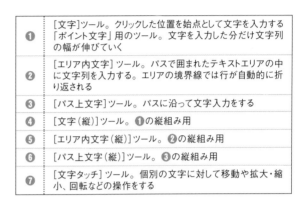

[文字]パネル

[文字]パネルでは、書体や文字サイズの設定をはじめ、カーニングやトラッキング、行送りといった文字と文章に関連する設定ができます。
各部の機能については、次ページの表を参照してください。

[プロパティ]パネルでも、[文字][段落]欄にある[詳細オプション]を押すことで[文字]パネルと[段落]パネルと同じ内容を設定できます。操作しやすいほうを選ぶとよいでしょう。

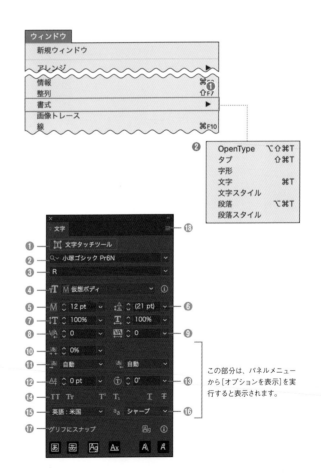

この部分は、パネルメニューから[オプションを表示]を実行すると表示されます。

❶	[文字タッチ]ツールへの切り換え。初期設定では非表示なので⓲のパネルメニューから表示
❷	フォントファミリを設定。システムにインストールされているフォントから好みのものを選択
❸	フォントスタイルを設定。現在選択しているフォントに太さなどが異なるスタイルがある場合は選択できる
❹	フォントの高さの基準を設定。仮想ボディ、キャップハイト、xハイト、平均字面の4種類から選ぶ
❺	フォントサイズを設定する
❻	行送りを設定する
❼	文字の垂直比率（左）、水平比率（右）を設定する
❽	文字間のカーニングを設定。隣り合う文字の間隔を変更する
❾	選択した文字のトラッキングを設定。指定範囲の文字間の間隔を変更する

❿	文字ツメ。文字の前後の間隔を均等に変更する
⓫	アキを挿入。文字前後のアキ量を個別に変更する
⓬	ベースラインシフト。文字の上下（縦組みは左右）位置を変更する
⓭	文字の回転。文字の回転角度を設定
⓮	上付き文字等の設定。左からオールキャップス、スモールキャップス、上付き文字、下付き文字、下線、打ち消し線を文字に設定する
⓯	言語。ハイフン処理が必要な言語辞書を設定
⓰	アンチエイリアスをシャープ、鮮明、強くの3種類から設定する
⓱	オブジェクトを文字の中心やベースラインなどに合わせて配置するためのオプション
⓲	パネルメニューを開く

[段落]パネル

[段落]パネルでは、行揃えやインデントの設定などを行うことができます。

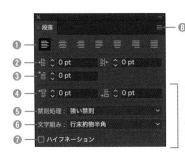

この部分は、パネルメニューから[オプションを表示]を実行すると表示されます。

❶	行揃え。入力位置やテキストエリアに対する行の揃え方を変更する
❷	インデント。テキストエリアの外枠とテキストとの間隔を変更する
❸	1行目インデント。段落の1行目のみで字下げや突き出しを設定する
❹	段落前のアキ／段落後のアキ。段落前後の間隔を設定する
❺	禁則処理。日本語組版ルールに基づいた禁則処理を設定する
❻	文字組み。和文、欧文、句読点、括弧などの間隔設定する
❼	ハイフネーション。英単語が行でわかれたときの自動ハイフンの設定する
❽	パネルメニューを開く

[字形]パネル

[字形]パネルは、選択している書体の字形がすべて表示されます。普段使っている漢字と異なる異体字も、このパネルから選択できます。書体を変更するには、下部のプルダウンメニューから選択します。

[OpenType]パネル

[OpenType]パネルは、合字、異体字、特殊字形などのOpenTypeフォントの機能を使用できます。使える機能はフォントによって異なります。

リスト表示する字形のカテゴリーを選択

パネルメニューを開く

書体や書体のウエイトを選択

縮小／拡大

❶	数字のスタイルを選択する
❷	文字の位置を選択する
❸	選択した字形や合字に自動的に変換する
❹	フォントのカーニング情報での文字詰めをする
❺	縦組みと横組みで異なる字形のかなを使用する
❻	半角英数字をイタリック体にする
❼	パネルメニューを開く

クリックで
ポイント文字を入力する

アートボード内の任意の場所をクリックして入力する文字のことを「ポイント文字」と呼びます。タイトルや見出しの作成によく使われます。

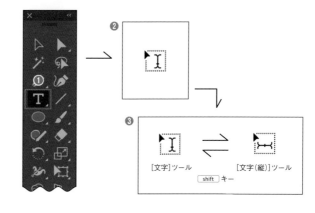

1 [文字]ツールを選択します（❶）。カーソルが文字入力用のものに変化します（❷）。`shift`キーを押すと、横組みの場合は縦組み（縦組みの場合は横組み）のツールに変更できます（❸）。

2 任意の場所をクリックすると、❹のようにテキストの入力を促すキャレットが点滅します。CC2017からデフォルトで入るようになっていた「山路を登りながら」のサンプルテキスト（❺）はCC2022からは入らなくなっています（サンプルテキストの表示の仕方は次ページ下部の補足説明を参照）。

CC2017から入っていたサンプルテキスト

3 文字を入力します。ポイント文字は改行されないため、入力した分だけ一直線に伸びた文字列になります（❻）。

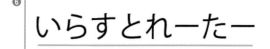

4 別のツールを選択するか、`esc`キーを押す、あるいは`⌘`キーを押してアートボード上の任意の場所をクリックすると、文字の入力を終わらせることができます（❼）。

5 バウンディングボックスの❽をダブルクリックすると、エリア内文字に切り替わります（❾）。エリア内文字は次ページを参照してください。

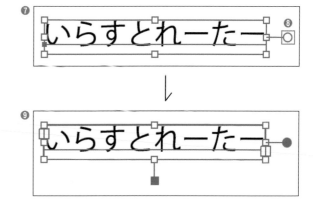

ドラッグで
エリア内文字を入力する

「エリア内文字」は、ある限定された範囲に入力された文字のことを指します。エリアの大きさで自動的に改行されるので、文字量の多い部分で使われます。

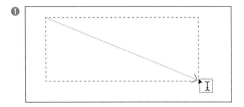

1　[文字]ツールでアートボード上をドラッグして文字入力エリアを作成します（❶）。縦組み入力する場合は、[文字（縦）]ツールを使います。

2　ドラッグし終わると、❷のようにテキストの入力を促すキャレットが点滅します。ここから自由にテキストを入力していきます（❸）。

3　別のツールを選択するか、[esc]キーを押す、[⌘]キーを押しながらアートボード上の任意の場所をクリックすると、文字の入力を終わらせることができます（❹）。

4　テキストオブジェクトの周囲に表示されるバウンディングボックスの❺をダブルクリックすると、ポイント文字に切り替わります（❻）。

5　一方、❼をダブルクリックすると、文字の量に応じて自動的に枠が伸縮するようになります（❽）。

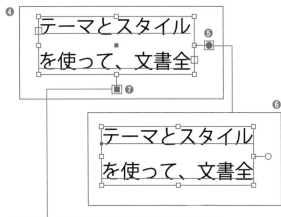

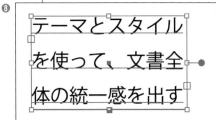

「山路を登りながら」というサンプルテキストが入るようにするには、[編集]メニュー→[環境設定]→[テキスト]で開く[環境設定]ダイアログで、[新規テキストオブジェクトにサンプルテキストを割り付け]（❾）にチェックを入れます。

［文字］パネルで
フォントを変更する

［文字］パネルを使ってサンプルデータのフォントを変更します。フォントは、オブジェクト全体を選択して、あるいはテキストを部分的に選択して変更できます。

テキスト全体のフォントを変更する

1. テキストオブジェクトを選択します（❶）。［文字］パネル（❷）または［プロパティ］パネル（❸）を表示すると、選択しているテキストのフォント名およびウエイトがわかります。

2. フォント名の横のプルダウンメニュー（❹）をクリックすると、リストが表示されるので、たとえば「游明朝体 デミボールド」を選択します（❺）。フォントを変更するときは、このリストから目的のものを選択すればOKです。

3. 選択したテキストオブジェクトのフォントが、指定した「游明朝体 デミボールド」に変わりました（❻）。

部分的にフォントを変更する

1. テキストを部分的に選択し（❼）、上記と同様にリストから「游明朝体 デミボールド」を選択してみましょう。

2. 選択した部分だけが「游明朝体 デミボールド」に変わりました（❽）。

❶
外を見ると、閉じた窓越しでも世界は寒そうだった。眼下の通りでは、小さな風の渦がほこりや紙の切れ端をくるくると舞い上げ、日が照って空は濃い青だというのに、すべては色彩がなかった。

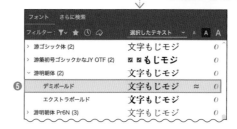

❻
外を見ると、閉じた窓越しでも世界は寒そうだった。眼下の通りでは、小さな風の渦がほこりや紙の切れ端をくるくると舞い上げ、日が照って空は濃い青だというのに、すべては色彩がなかった。

❼
外を見ると、閉じた窓越しでも世界は寒そうだった。眼下の通りでは、小さな風の渦がほこりや紙の切れ端をくるくると舞い上げ、日が照って空は濃い青だというのに、すべては色彩がなかった。

❽
外を見ると、閉じた窓越しでも世界は寒そうだった。眼下の通りでは、小さな風の渦がほこりや紙の切れ端をくるくると舞い上げ、日が照って空は濃い青だというのに、すべては色彩がなかった。

［文字］パネルで
フォントサイズを変更する

［文字］パネルを使ってサンプルデータの ==フォント
サイズを変更== します。フォントサイズは、オブジェクト全体、あるいはテキストの一部を選択して変更できます。

✎ テキスト全体のフォントサイズを変更する

1 テキストオブジェクト全体を選択します（❶）。［文字］パネル（❷）または［プロパティ］パネル（❸）を表示すると、選択しているテキストのフォントサイズがわかります。

2 フォントサイズの横のメニュー（❹）をクリックすると、サイズリストが表示されるので、たとえば［14pt］を選択します（❺）。このリストにない数値にしたい場合は、直接［15pt］などと入力します。

3 フォントサイズが指定した［14pt］に変わります（❻）。フォントサイズ変更のショートカットキーは下記のとおりです。
文字サイズ増：《 shift ＋ ⌘ ＋ . 》
文字サイズ減：《 shift ＋ ⌘ ＋ , 》
増減する量は、［環境設定］→［テキスト］→［サイズ／行送り］の設定に基づきます。なお、上記のショートカットに option キーを追加すると、既定値の5倍で増減することができます。
文字サイズ増×5：
《 option ＋ shift ＋ ⌘ ＋ . 》
文字サイズ減×5：
《 option ＋ shift ＋ ⌘ ＋ , 》

✎ 部分的にフォントサイズを変更する

1 テキストを部分的に選択し（❼）、［文字］パネルのリストから［18pt］を選択してみましょう。

2 選択した部分のフォントサイズが［18pt］に変わりました（❽）。

❶ 外を見ると、閉じた窓越しでも世界は寒そうだった。眼下の通りでは、小さな風の渦がほこりや紙の切れ端をくるくると舞い上げ、日が照って空は濃い青だというのに、すべては色彩がなかった。

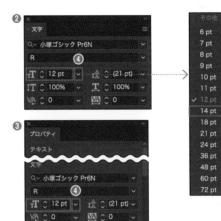

❻ 外を見ると、閉じた窓越しでも世界は寒そうだった。眼下の通りでは、小さな風の渦がほこりや紙の切れ端をくるくると舞い上げ、日が照って空は濃い青だというのに、すべては色彩がなかった。

❼ 外を見ると、閉じた窓越しでも世界は寒そうだった。眼下の通りでは、小さな風の渦がほこりや紙の切れ端をくるくると舞い上げ、日が照って空は濃い青だというのに、すべては色彩がなかった。

❽ 外を見ると、閉じた窓越しでも世界は寒そうだった。眼下の通りでは、小さな風の渦がほこりや紙の切れ端をくるくると舞い上げ、日が照って空は濃い青だというのに、すべては色彩がなかった。

［文字］パネルで行送りを変更する

［文字］パネルを使ってサンプルデータの行送りを変更します。行送りは段落単位で行うのが通常です。

1　テキストオブジェクトを選択します（❶）。［文字］パネル（❷）または［プロパティ］パネル（❸）を表示すると、選択しているテキストの行送りの数値がわかります。

2　行送りの横のプルダウンメニュー（❹）をクリックすると、リストが表示されるので、たとえば［14pt］を選択します（❺）。このリストにない数値に変更したい場合は、直接［15pt］などと入力します。

3　行送りが指定した［14pt］に変わりました（❻）。行送りの増減のショートカットキーは次のとおりです。

行間広げる：《 option ＋↓（横組み）／←（縦組み）》
行間狭める：《 option ＋↑（横組み）／→（縦組み）》

［文字］パネルの行送りに関する操作

行送りの数値に「（ ）」がある場合は、その数値が自動値（フォントサイズの175%）であることを示しています。
❼の部分をダブルクリックするとフォントサイズと同じ値になり、自動値以外のときに⌘＋クリックすることで自動値に戻すことができます。
また、行送りの値は四則演算（+-*/）で入れることもできます（❽）。

⌘＋クリック　　ダブルクリック

［文字］パネルで
文字の間隔を変更する

［文字］パネルを使ってサンプルデータの 文字の 間隔（トラッキング設定）を変更します。オブジェクト全体を選択して、あるいはテキストを部分的に選択して変更できます。

1　テキストオブジェクトを選択します（①）。 ［文字］パネル（②）または［プロパティ］パネル（③）を表示すると、選択しているテキストの設定がわかります。

2　トラッキング設定の横のプルダウンメニュー（④）をクリックすると、リストが表示されるので、たとえば［200］を選択します（⑤）。このリストにない数値に変更したい場合は、直接［150］などと入力します。

3　トラッキングの値が指定した［200］に変わります（⑥）。

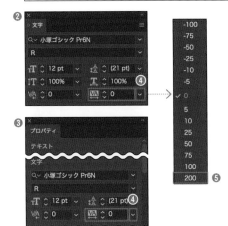

［文字］パネルで
文字ツメを変更する

「文字ツメ」の機能は、文字の前後の間隔を均等に変更 するものです。オブジェクト全体を選択して、あるいはテキストを部分的に選択してツメ具合を変更できます。

1　テキストオブジェクトを選択します（①）。 ［文字］パネルでオプションを表示していると文字ツメの設定がわかります（②）。［プロパティ］パネルでは［詳細オプションボタン］をクリックして表示ましょう（③）。

2　文字ツメ設定の横のプルダウンメニュー（④）をクリックするとリストが表示されるので、たとえば［30%］を選択します（⑤）。 このリストにない数値にしたい場合は、直接［25］などと入力しましょう。

3　文字ツメが指定どおりに変更され、前後が詰まって表示されます（⑥）。

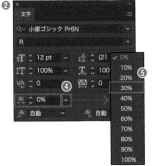

行揃えやインデントを設定する

［段落］パネルで行揃えや インデントを設定する

行揃えには「左・右・中央揃え」などいくつかの種類があり、［段落］パネルからワンタッチで設定できます。また、「左・右・1行目」のインデント設定も見ていきましょう。

行揃えを設定する

1 サンプルデータのオブジェクトを選択し（❶）、［段落］パネルを表示します。行揃えは［左揃え］（❷）です。
なお、この行揃えの設定は［プロパティ］パネルでも行えるので、やりやすいほうを選びましょう。

2 ほかの行揃えにするには、［段落］パネル上段のアイコンをクリックします（❸）。
ポイント文字の場合、均等配置の基準になるエリアがないので、行揃えは［左揃え］［中央揃え］［右揃え］の3種類です。

インデントを設定する

1 サンプルデータのオブジェクトを選択して（❹）、［段落］パネルを表示します。インデントの設定はすべて［0pt］です（❺）。

2 左右のインデントを［12pt］とすると（❻）、行の左右に1文字分（12pt）のアキが設定されます（❼）。

3 さらに、［1行目インデント］を［-12pt］にします（❽）。この設定で、1行目だけが1文字分飛び出します（❾）。

❶

❷ ❸

左揃え

■ 中央揃え

■ 右揃え

■ 均等配置（最終行左揃え）

■ 均等配置（最終行中央揃え）

■ 均等配置（最終行右揃え）

■ 両端揃え

❹

❺

❻

❼

❽

❾

【テキストボックスのリンク】

複数のテキストボックスをリンクする

複数のテキストボックスに一連のテキストを表示させる

1つのテキストエリアに収まらない文字は、別のテキストエリアにリンクさせてすべて表示させることができます。

1 サンプルデータの文章が途中で切れたオブジェクトを選択します（❶）。そして、エリアの右下にある「田」の表示をクリックします（❷）。

2 カーソルが文字を流し込む「田」の形になるので、任意の場所をクリックしてみましょう（❸）。

3 隠れていたテキストが、リンクされたテキストエリアに流し込まれました（❹）。

❶ 月が最後の月齢を経て、夜が暗くなるにつれて、この地下からの不快な静物たち、この漂白したレムールたち、かつての害獣に置き換わった新たな害獣たちの登場

❷ 月が最後の月齢を経て、夜が暗くなるにつれて、この地下からの不快な静物たち、この漂白したレムールたち、かつての害獣に置き換わった新たな害獣たちの登場

❸ 月が最後の月齢を経て、夜が暗くなるにつれて、この地下からの不快な静物たち、この漂白したレムールたち、かつての害獣に置き換わった新たな害獣たちの登場

❹ 月が最後の月齢を経て、夜が暗くなるにつれて、この地下からの不快な静物たち、この漂白したレムールたち、かつての害獣に置き換わった新たな害獣たちの登場

ももっと頻繁になるだろうと思い当たりました。そしてこの両日、わたしは避けがたい責務から逃避する人物の落ち着かない気分を味わってきました。

ここでは、テキストオブジェクトの「田」マークをクリックする方法を見ました。
別の方法として、文章が途中で切れたオブジェクトと空のテキストエリアを選択して（ⓐ）［書式］メニュー→［スレッドテキストオプション］→［作成］（ⓑ）を選択して連結してもよいでしょう。

ⓐ 月が最後の月齢を経て、夜が暗くなるにつれて、この地下からの不快な静物たち、この漂白したレムールたち、かつての害獣に置き換わった新たな害獣たちの登場

月が最後の月齢を経て、夜が暗くなるにつれて、この地下からの不快な静物たち、この漂白したレムールたち、かつての害獣に置き換わった新たな害獣たちの登場

ももっと頻繁になるだろうと思い当たりました。そしてこの両日、わたしは避けがたい責務から逃避する人物の落ち着かない気分を味わってきました。

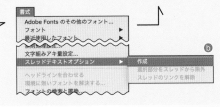

書式
Adobe Fonts のその他のフォント...
フォント　　　　　　　　　▶
最近使用したフォント　　　▶
文字組みアキ量設定...
スレッドテキストオプション　▶　ⓑ 作成
選択部分をスレッドから除外
スレッドのリンクを解除
ヘッドラインを合わせる
環境に無いフォントを解決する...
フォントの境界と調整

LESSON 09/07

【段落スタイル、文字スタイルパネル】

段落や文字のスタイルを設定する

Sample Data / 09-07

段落スタイル

タイトルや本文など、段落単位で書式を変更したいときは「段落スタイル」を使用します。段落スタイルの設定の仕方を見ていきましょう。

段落スタイルを設定する

1 サンプルデータを開きます（❶）。続いて、[ウィンドウ]メニュー→[書式]→[段落スタイル]を選択して[段落スタイル]パネルを開きます（❷）。

2 [段落スタイル]パネルの[新規スタイルを作成]ボタン（❸）をクリックします。

3 [新規段落スタイル]ダイアログが表示されます。まず、[スタイル名]を「見出し」とします（❹）。次に[基本文字形式]タブのフォントファミリで「小塚ゴシック Pr6N」、スタイルで「H」を選択してサイズを「14pt」にし（❺）、[文字カラー]タブで❻の赤色にします。
段落スタイルの設定を終えたら[OK]をクリックします。

段落スタイルを適用する

1 [段落スタイル]パネルに[見出し]が追加されます（❼）。

2 サンプルテキスト1行目の任意の場所にカーソルを挿入して、[段落スタイル]パネルの[見出し]をクリックして適用します（❽）。

❶
> ウランとは何ですか？
> ウラン（化学記号 U）は天然に見出される放射性元素である。純粋な形態ではそれは銀色の重金属で、鉛やカルシウム、タングステンと似ている。

[新規スタイルを作成]ボタン

❽
> **ウランとは何ですか？**
> ウラン（化学記号 U）は天然に見出される放射性元素である。純粋な形態ではそれは銀色の重金属で、鉛やカルシウム、タングステンと似ている。

文字スタイル

文章内で書体や色などを変え、特定の部分を強調したりすることはよく行われています。文字スタイルの設定の仕方を見ていきましょう。

文字スタイルを設定する

| 1 | サンプルデータを開きます（❶）。続いて、[ウィンドウ]メニュー→[書式]→[文字スタイル]を選択して[文字スタイル]パネルを開きます（❷）。 |

| 2 | [文字スタイル]パネルの[新規スタイルを作成]ボタン（❸）をクリックします。 |

| 3 | [新規文字スタイル]ダイアログが表示されます。まず、[スタイル名]を「太字」とします（❹）。次に[基本文字形式]タブのフォントファミリで「小塚ゴシック Pr6N」、スタイルで「B」を選択して（❺）、[文字カラー]タブで❻の緑色にします。文字スタイルの設定を終えたら[OK]をクリックします。 |

文字スタイルを適用する

| 1 | [文字スタイル]パネルには[太字]が追加されます（❼）。 |

| 2 | サンプルテキストでスタイルを適用する文字列を選択して（❽）、[文字スタイル]パネルの[太字]をクリックすると設定どおりに緑色の太字になります（❾）。 |

❶
> ウランとは何ですか？
> ウラン（化学記号 U）は天然に見出される放射性元素である。純粋な形態ではそれは銀色の重金属で、鉛やカルシウム、タングステンと似ている。

[新規スタイルを作成]ボタン

❼
> [標準文字スタイル]
> 太字

❽
> ウランとは何ですか？
> ウラン（化学記号 U）は天然に見出される放射性元素である。純粋な形態ではそれは銀色の重金属で、鉛やカルシウム、タングステンと似ている。

❾
> ウランとは何ですか？
> ウラン（化学記号 U）は天然に見出される放射性元素である。純粋な形態ではそれは銀色の重金属で、鉛やカルシウム、タングステンと似ている。

【テキストの回り込み】
テキストの回り込みを適用する

オブジェクトを
避けて文字を配置する

指定したオブジェクトに テキストの回り込み を適用すると、オブジェクトを避けてテキストが回り込みます。

1　サンプルデータを開き、表組みのオブジェクトを選択します（❶）。

2　[オブジェクト]メニュー→[テキストの回り込み]→[作成]を選択します（❷）。

3　メニューコマンドを実行すると、表組みのオブジェクトを回り込んでテキストが表示されます（❸）。

4　オブジェクトに回り込みを設定した後、回り込む幅（オフセット）などを変更するときは、[オブジェクト]メニュー→[テキストの回り込み]→[テキストの回り込みオプション]（❹）を実行します。
　[テキストの回り込みオプション]ダイアログ（❺）が表示されるので、ここで設定して[OK]をクリックします。
　回り込みを解除する場合は、[オブジェクト]メニュー→[テキストの回り込み]→[解除]を選択します（❻）。

5　なお、[テキストの回り込みオプション]ダイアログの[回り込みを反転]（❼）をチェックすると、対象となるオブジェクトの内側にテキストが流し込まれます（❽）。
　右の図は、わかりやすいように表組み中の罫線や項目は削除しています。

❶
国際原子力機関（IAEA: International Atomic Energy Agency）はウランを低比放射性物質と定義している。自然状態で、それは3種の同位体（U-234、U-235、およびU-238）から成る。天然ウランでは見られない他の同位体に、U-232、U-233、U-236、およびU-237がある。下の表に、どんな量の天然ウランでも一定の値である、3種の同位体の質量比、半減期、および比放能を示す。放射性同位体の半減期は元の放射能の量が半分にまで減衰するのにかかる時間である。比放能は個々の放射性核種の単位質量当たりの放射能であり、放射性核種がどれくらい放射能を持っているかの指標に用いられる。

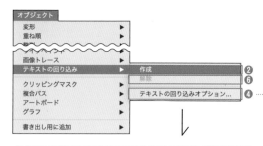

オブジェクト
変形　　　　　　　　　　▶
重ね順　　　　　　　　　▶
画像トレース　　　　　　▶
テキストの回り込み　　　▶　作成　　　　　　　　　　　　❷
　　　　　　　　　　　　　　解除　　　　　　　　　　　　❻
クリッピングマスク　　　▶
複合パス　　　　　　　　▶　テキストの回り込みオプション...　❹
アートボード　　　　　　▶
グラフ　　　　　　　　　▶
書き出し用に追加　　　　▶

❸
国際原子力機関（IAEA: International Atomic Energy Agency）はウランを低比放射性物質と定義している。自然状態で、それは3種の同位体（U-234、U-235、およびU-238）から成る。天然ウランでは見られない他の同位体に、U-232、U-233、U-236、およびU-237がある。下の表に、どんな量の天然ウランでも一定の値である、3種の同位体の質量比、半減期、および比放能を示す。放射性同位体の半減期は元の放射能の量が半分にまで減衰するにかかる時間である。比放射能は個々の放射性核種の単位質量当たりの放射能であり、放射性核種がどれくらい放射能を持っているかの指標に用いられる。

同位体	相対存在量（質量比）	半減期（年）	比放射能（Bq mg-1）
U-238	99.28%	4,510,000,000	12.4
U-235	0.72%	710,000,000	80
U-234	0.0057%	247,000	231,000

❺

テキストの回り込みオプション
オフセット：6 pt
□ 回り込みを反転　❼
☑ プレビュー　　　キャンセル　OK

❽
国際原子力機関（IAEA: International Atomic Energy Agency）はウランを低比放射性物質と定義している。自然状態で、それは3種の同位体（U-234、U-235、およびU-238）から成る。天然ウランでは見られない他の同位体に、U-232、U-233、U-236、およびU-237がある。下の表に、どんな量の天然ウランでも一定の値である、3種の同位体の質量比、半減期、および比放能を示す。放射性同位体の半減期は元の放射能の量が半分にまで減衰するのにかかる時間である。比放射能は個々の放射性核種の単位質量当たりの放射能であり、放射性核種がどれくらい放射能を持っているかの指標に用いられる。

【タブの設定】
テキストをタブで揃える

タブを利用してテキストの間隔を設定する

タブは文字と文字を一定間隔で揃えるときに使う機能です。表組みを作るときなどに便利です。タブを利用したメニューの例を見てみましょう。

1 サンプルデータのテキストを選択します（❶）。このテキストには、区切り用のタブ（ tab キーで入力）が入力されています。[書式]メニュー→[制御文字を表示]にチェックを入れると、改行やスペースなどの制御文字が表示されるのでわかりやすいでしょう（❷）。

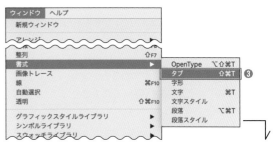

2 [ウィンドウ]メニュー→[書式]から[タブ]（❸）を選択し[タブ]パネルを表示したら、パネルメニューから[単位にスナップ]を選びます（❹）。タブが定規の単位にスナップします。

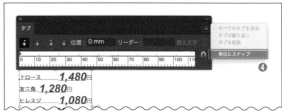

3 [右揃えタブ]ボタン（❺）をクリックして、ルーラ上をクリックします。66mmのところに設定しました（❻）。
設定したタブはルーラ上をドラッグして移動させることができます。また、タブをパネルの外へドラッグすると削除できます。

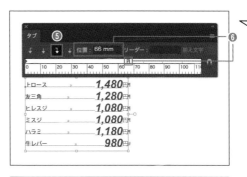

4 タブが選択されている状態で[リーダー]に[・(半角中黒)]を入力し、タブリーダーを設定します（❼）。
タブリーダーを設定すると、文字と文字の空白部分に[リーダー]で入力した文字が入ります。

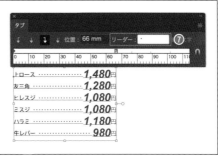

パスに沿って文字を配置する

パスに沿って文字を配置できる パス上文字ツール

オープンパスや、クローズパスに沿って文字を入力することができます。ここでは、曲線のパスに沿って文字を入力してみます。

1. [パス上文字]ツールでサンプルデータのパスをクリックします（❶）。縦組み入力は、[パス上文字（縦）]ツールを使いましょう。

2. パスをクリックすると、文字の入力を促すキャレットが点滅します（❷）。パスの線の設定は削除されます。

3. 文字を入力します（❸）。別のツールを選択するか esc キーを押す、あるいは ⌘ キーを押しながら何もない場所をクリックすると、文字の入力を終わらせることができます（❹）。

4. パス上の文字の位置を変えるには、[選択]ツールで先頭・中央・末尾にあるブラケット（❺〜❼）をドラッグします。
   先頭のブラケットをドラッグすると、テキストの開始位置を変更できます。
   中央のブラケットは、テキスト全体の位置を変更でき、パスの反対側にドラッグするとテキストがパスの反対側に移動します（❽）。
   末尾のブラケットは、テキストの長さを設定します。また、[書式]メニュー→[パス上文字オプション]からも、詳細な設定ができます。

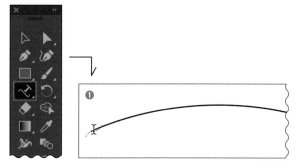

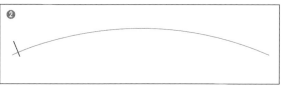

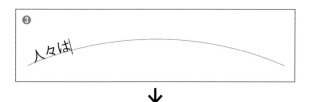

【エリア内文字ツール】
オブジェクトの中に文字を配置する

オブジェクトの中に文字を入力する

四角形や円形などの規則的なオブジェクトはもちろん、さまざまな形状の オブジェクトの中にも文字を入力 することができます。

1 サンプルデータを開きます（**❶**）。
オブジェクトの中に文字を入力する際に使用するツールは、横組みの場合は［文字］ツールか［エリア内文字］ツール、縦組みは［文字（縦）］ツールか［エリア内文字（縦）］ツールを使います（**❷**）。

2 ここでは横組みの［文字］ツールを使って操作を見ていきます。
［文字］ツールで八角形オブジェクトの辺の上に重ねてクリックします（**❸**）。パスの線の設定は削除され、文字の入力を促すキャレットが点滅します（**❹**）。

3 文字を入力します（**❺**）。なお、［書式］メニュー→［サンプルテキストの割り付け］を選択すると、ダミーの文章が入ります（**❻**）。

4 文字を入れるオブジェクトは、四角形や円形などの規則的なものでなくてもかまいません。たとえば、イヌのシルエットの中に文字を入れることもできます（**❼**）。

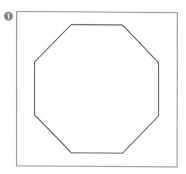

❶

❷

［文字］／［エリア内文字］ツール　［文字（縦）］／［エリア内文字（縦）］ツール

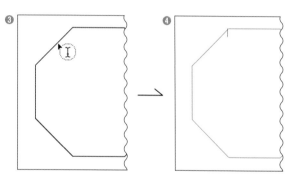

❸　❹

❺
ウランはあらゆ
る岩石や土壌、水や空気、
そして自然の材料から作られた
すべての物に微量に含まれている。これ
は活性金属であり、したがって、自然環
境においては遊離ウランとしては存在し
ない。また、自然の鉱物中に見られるウ
ランに加えて、産業活動によって生じた
ウラン金属および化合物が自然
環境の元に放出されてい
るだろう。

❻
情に棹さ
される。智に
立つ。どこへ越し
いと悟った時、詩が生
とかくに人の世は住み
せば窮屈だ。
とかくに人の世は住み
どこへ越しても住みに
詩が生れて、画が
を通せば窮屈だ。
登りなが

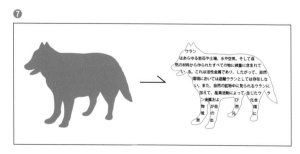

❼

09/12

LESSON

【字形パネル】
異体字の入力方法を覚える

Sample Data / 09-12

コンテキストメニューで
異体字を入力する

テキストの編集中にコンテキストメニューが表示
され、すばやく異体字に置き換えることができま
す。特に人名などでは、同じようでわずかに違う
字が使われることが多く、この機能は大変便利だ
といえます。

1 | 異体字が多い字として、たとえば「山崎」と
いう名字を例に見てみましょう。[文字]ツ
ールで「山崎」と入力します（❶）。

2 | 次に[崎]を[文字]ツールで選択します
（❷）。すると、選択された漢字の右下に異
体字のリストが表示されます（❸）。選択す
る文字は1文字だけです。複数の文字を選
択してもコンテキストメニューは表示され
ません。

3 | たとえば、このリストから一番右の[嵜]を
選ぶと、その文字に差し替わります（❹）。
この機能が搭載されたおかげで、異体字
がラクに入力できるようになりました。

4 | このリストに目的の異体字がない場合は、
コンテキストメニューの右端にある[＞]
（❺）をクリックして、[字形]パネルを表示
させます（❻）。[字形]パネルには、コンテ
キストメニューに表示されなかったものも
含めて[崎]の異体字が表示されています。

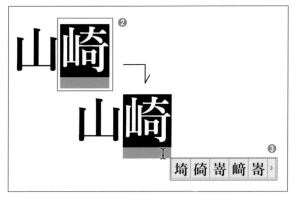

178

09 LESSON/13

【文字のアウトライン化】
文字をアウトライン化する

Sample Data / 09-13

文字をパスに変換して、自由に変形できるようにする

アウトライン化とは、文字の形そのままのパスに変換することです。アウトライン化することで、パスとして自由な編集が可能になります。

1│ サンプルデータのテキストを選択します（❶）。

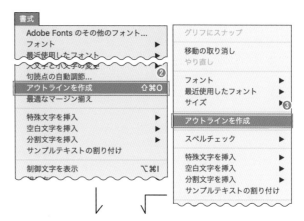

2│ [書式]メニュー→[アウトラインを作成]（❷）（《 shift + ⌘ + O 》）を選択するか、control +クリック（右クリック）で表示されるコンテキストメニューから[アウトラインを作成]（❸）を選択します。

3│ テキストがアウトライン化されました（❹）。アウトライン化後のオブジェクトは、グループ化された複合パスとなります。

4│ アウトライン化したテキストは、パスなので自由に変形できます。パスの一部を[ダイレクト選択]ツールで選択し、ドラッグすることもできます（❺）。

5│ また、テキストオブジェクトのままでは[自由変形]ツール（❻）の[遠近変形][パスの自由変形]（❼）は機能しませんが、アウトライン化されたオブジェクトなら自由に変形できます（❽）。

アウトライン化せずに文字を
移動・拡大・縮小・回転する

[文字タッチ]ツールは、テキストをアウトライン化せずに個々の文字の移動・拡大・縮小・回転などの変形をすることができます。テキスト情報が保持されているので、変形後もフォントやテキストを変更できます。

1　[文字タッチ]ツールで編集するテキストを用意します（❶）。

2　[文字タッチ]ツールは、ツールバーから（❷）、あるいは[文字]パネルから選択できます（❸）。

3　[文字タッチ]ツールで、テキストの1文字をクリックすると図のように編集ガイドが表示されます（❹）。ガイドのポイントは5つあり、編集できる内容はそれぞれで決まっています。各ポイントにカーソルを合わせてドラッグすると、リアルタイムに移動、変形、回転の数値が表示されます。

4　それぞれの文字を自由に変形してみましょう（❺）。

5　[文字タッチ]ツールで行った回転などの変形設定は、テキストを打ち替えても保ったままです（❻）。文字を変更する場合は、1文字ずつ打ち替えます。すべてを選択してから打ち替えると、すべての文字が最初の文字の属性になってしまいます。

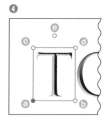

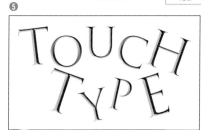

Ai

LESSON

10

特殊な効果を活用する

効果は、オブジェクトの 3D表現からラスタライズまで多彩

「効果」は、オブジェクト自体は変更せずに、特別な処理を行って外観だけを変更する機能です。
多くの種類がありますが、それぞれ主なものを図示します。

3D

オブジェクトに立体的な外観を与えます。[押し出し・ベベル]は元の形状を押し出すような立体にします。[回転体]は元の形状を一定の軸を中心に回転させた立体、[回転]は元の形状を3次元に回転させます。

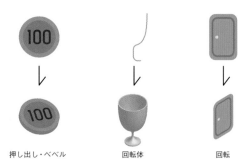

押し出し・ベベル　　　回転体　　　回転

SVGフィルター

SVG効果は、XML（マークアップ言語の一種）に準拠しており、解像度に依存しないという特徴をもちます。XMLを使って独自の効果を作成することもできます。

元のオブジェクト　AI_アルファ_4　AI_乱気流_3　AI_木目　AI_涼風　AI_静的

スタイライズ

ぼかし、ドロップシャドウ、光彩、落書きなど、元のオブジェクトにさまざまなデザイン要素を付加します。

元のオブジェクト　ぼかし　ドロップシャドウ　光彩（内側）　光彩（外側）　落書き

パス

[オブジェクトのアウトライン][パスのアウトライン][パスのオフセット]の3種類があります。たとえば[オブジェクトのアウトライン]をテキストに適用すると、文字情報を保持したまま、実際の文字の大きさで整列などを行うことができます。

パスのアウトライン　　　オブジェクトのアウトライン　　　パスのオフセット

見た目は変化しないので、[オブジェクトのアウトライン][パスのアウトライン]は、効果の適用後にアピアランスを分割した様子を示しました。

パスの変形

パス（オブジェクト）をさまざまな形状に変形します。

元のオブジェクト　　ジグザグ　　パスの自由変形　　パンク・膨張　　ラフ　　ランダム・ひねり　　旋回

パスファインダー

重なっている複数のオブジェクトに対して、追加や交差などの合成を行います。
パスファインダーの機能と同じですが、適用できる対象は「グループオブジェクト」
「レイヤー」「テキストオブジェクト」の3種類だけです。

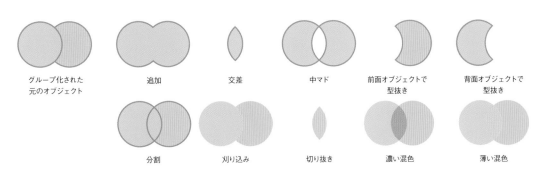

グループ化された　　　追加　　　交差　　　中マド　　　前面オブジェクトで　　背面オブジェクトで
元のオブジェクト　　　　　　　　　　　　　　　　　　　型抜き　　　　　　　　型抜き

分割　　　刈り込み　　　切り抜き　　　濃い混色　　　薄い混色

ラスタライズ

[オブジェクト]メニュー→[ラスタライズ]を一時
的に効果として適用し、ベクター画像をラスター
画像のようにします。

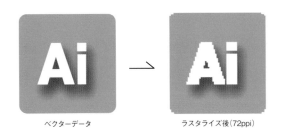

ベクターデータ　　　　　　　　ラスタライズ後（72ppi）

ワープ

オブジェクトに[円弧][旗]などのさま
ざまな曲線的な変形を加えます。

Illustrator

元のオブジェクト

円弧　　　　　　　　　　旗　　　　　　　　　　魚形

形状に変換

任意の形状のオブジェクトを長方形、角丸長方
形、楕円形に変換します。テキストオブジェクト
にも適用できます。

元のオブジェクト　　　長方形　　　角丸長方形　　　楕円形

五角形の同じオブジェクトに3種類の[形状に変換]を行ったものです。

LESSON 10 特殊な効果を活用する

183

オブジェクトに影をつけて
立体感を出す

オブジェクトに影をつけることで、立体感を出すことができます。ここでは、効果の「ドロップシャドウ」でオブジェクトに影をつけてみましょう。

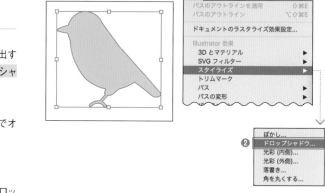

1　サンプルデータを開き、[選択]ツールでオブジェクトを選択します（❶）。

2　[効果]メニュー→[スタイライズ]→[ドロップシャドウ]（❷）を選択します。

3　[ドロップシャドウ]ダイアログで❸のように設定をして、[OK]ボタンをクリックします。ダイアログの各設定項目の働きは下の表を参照してください。

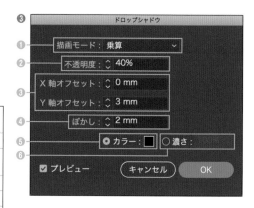

❶描画モード	背面にあるオブジェクトの色との描画モードを設定	
❷不透明度	ドロップシャドウの不透明度を指定	
❸X軸／Y軸オフセット	オブジェクトからのドロップシャドウまでの距離を指定	
❹ぼかし	影の端からぼかしの開始点までの距離を入力	
❺カラー	影の色をカラーピッカーから選択します。	
❻濃さ	ドロップシャドウに加えるブラックの割合を指定	

4　ドロップシャドウが適用されました（❹）。
適用された効果は[アピアランス]パネル、あるいは[プロパティ]パネルの「アピアランス」に表示されます（❺）。

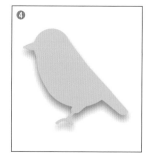

光彩（内側）／（外側）で
光るオブジェクトを表現する

[効果]メニュー→[スタイライズ]→[光彩（内側）／光彩（外側）]で、光るオブジェクトを表現できます。

光彩（内側）を設定する

1　サンプルデータを開きます（❶）。続いて、[アピアランス]パネル（[プロパティ]パネルでもOK）を開きます（❷）。

2　[新規効果を追加]（❸）をクリックします。プルダウンメニューから[スタイライズ]→[光彩（内側）]を選択します（❹）。
[効果]メニュー→[スタイライズ]→[光彩（内側）]を選択しても同じです。

3　[光彩（内側）]ダイアログが表示されるので、❺のように設定して[OK]をクリックします。オブジェクトの内側がふわっと光っているようなオブジェクトが表現できました（❻）。

光彩（外側）を設定する

1　サンプルデータを選択し（❶）、[アピアランス]パネル（[プロパティ]パネルでもOK）の[新規効果を追加]→[スタイライズ]→[光彩（外側）]を選択します（❷）。
[効果]メニュー→[スタイライズ]→[光彩（外側）]を選択しても同じです。

2　[光彩（外側）]ダイアログが表示されるので、❸のように設定して[OK]をクリックします。オブジェクトの外側にふわっとした光が表現されます（❹）。

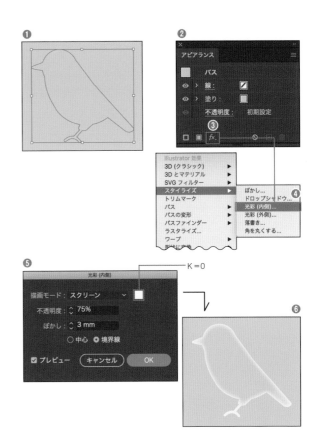

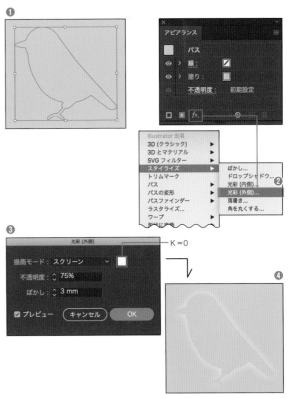

単純な円形をギザギザや 不規則な形にする

単純な形のパスでも、[効果]メニューの[パスの変形]を適用すると、簡単に複雑な形のパスにできます。ここでは、パスの変形の[ジグザグ]や[ラフ]を適用して、アクセントあるアイコンを作成してみましょう。

ジグザグ

1 赤い円のオブジェクトを選択し（❶）、[プロパティ]パネルの[アピアランス]にある[効果を選択]ボタン（❷）をクリックして[パスの変形]→[ジグザグ]（❸）を選びます。ダイアログで[大きさ：2mm（入力値）]、[折り返し：24]、[ポイント：直線的に]を設定します（❹）。

2 入力した数値に応じたギザギザの形になります（❺）。

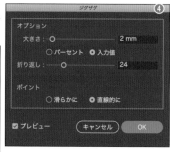

ラフ

1 団子のオブジェクト3つを選択したら（❶）、[プロパティ]パネルの[アピアランス]にある[効果を選択]ボタン（❷）をクリックして[パスの変形]→[ラフ]（❸）を選びます。ダイアログで[サイズ：4mm（パーセント）]、[詳細：8/inch]、[ポイント：丸く]と設定します（❹）。

2 入力した数値に応じて、リアルにゆがんだ団子が表現できます（❺）。

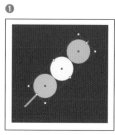
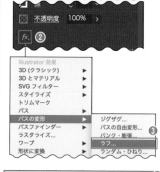
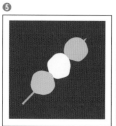

10 手書きの雰囲気を表現する

手書きの雰囲気を
落書きで表現する

オブジェクトの線や塗りに対して[効果]メニュー
→[スタイライズ]→[落書き]を使うと、鉛筆で
手描きをしたような効果を手軽に得られます。

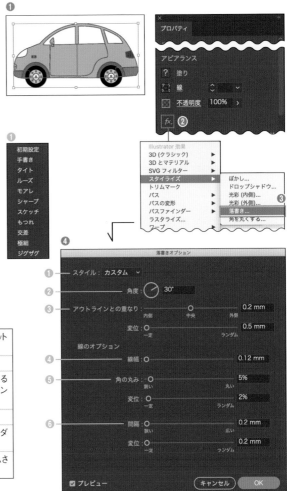

1　サンプルデータを開き、選択します（❶）。
[プロパティ]パネルの[アピアランス]にあ
る[効果を選択]ボタン（❷）をクリックして
[スタイライズ]→[落書き]（❸）を選びま
す。[効果]メニュー→[スタイライズ]→[落
書き]を選択しても同じです。

2　[落書きオプション]ダイアログが表示され
るので、❹のように設定して[OK]ボタン
をクリックします。ダイアログ各部の機能
は、下の表を参照してください。

❶	スタイルには「初期設定」など11のプリセットが用意されている
❷	線の角度を-360°〜360°で指定
❸	落書き線の描画を境界線の内側に限定するか、外側にはみ出すかを設定。[変位]でランダムさを調整
❹	落書き線の幅を設定
❺	落書き線の角の丸みを設定。[変位]でランダムさを調整
❻	落書き線の間隔を設定。[変位]でランダムさを調整

3　落書きが適用されます（❺）。設定後も、[プ
ロパティ]パネルの[落書き]（❻）をクリッ
クすると再設定できます。

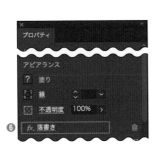

Photoshop 効果を利用して 手軽にオブジェクトを加工する

「Photoshop効果」にはさまざまな項目があります。その中で「アーティスティック」「スケッチ」「テクスチャ」など6つのメニュー（❶）は、大きなダイアログでプレビューを見ながらさまざまなグラフィック描写が試せます（❷）。

元のオブジェクト

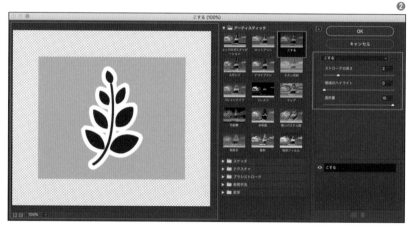

アーティスティック

シンプルなオブジェクトをさまざまなタッチの絵画調にします。

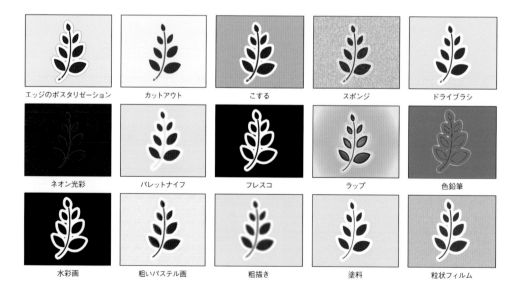

エッジのポスタリゼーション　カットアウト　こする　スポンジ　ドライブラシ

ネオン光彩　パレットナイフ　フレスコ　ラップ　色鉛筆

水彩画　粗いパステル画　粗描き　塗料　粒状フィルム

スケッチ

オブジェクトに絵画や手描きのようなタッチを加えます。

ウォーターペーパー

ぎざぎざのエッジ

グラフィックペン

クレヨンのコンテ画

クロム

コピー

スタンプ

チョーク・木炭画

ちりめんじわ

ノート用紙

ハーフトーンパターン

プラスター

浅浮彫り

木炭画

粒状

テクスチャ

オブジェクトにさまざまな素材感を与えることができます。

クラッキング

ステンドグラス

テクスチャライザー

パッチワーク

モザイクタイル

ブラシストローク

ブラシおよびインクの表現を加えて、オブジェクトを絵画や美術作品のように仕上げます。

インク画（外形）

エッジの強調

ストローク（スプレー）

ストローク（暗）

ストローク（斜め）

はね

墨絵

網目

変形

オブジェクトをゆがめて3Dなどの立体的効果を出します。

ガラス

表現手法

Illustratorでは「エッジの光彩」のみです。

エッジの光彩

海の波紋

光彩拡散

LESSON 10 / 06

【ワープ各種】
ワープを適用する

Sample Data / 10-06

ワープは15種類もある

効果の[ワープ]には、[円弧][アーチ][旗]など15種類があり（❶）、オブジェクトをさまざまな形に変形させることができます。
ここでは、[ワープ]を適用することによって元のオブジェクトからどのように変形するのかを示しておきましょう。

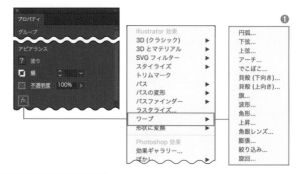

元のオブジェクト

円弧（水平30%）

下弦（水平30%）

上弦（水平30%）

アーチ（水平30%）

でこぼこ（水平30%）

貝殻・下向き（水平30%）

貝殻・上向き（水平30%）

旗（水平30%）

波形（水平30%）

魚形（水平30%）

上昇（水平30%）

魚眼レンズ（水平70%）

膨張（水平50%）

絞り込み（水平50%）

旋回（水平30%）

ワープを利用して、オブジェクトを変形する

効果のワープを使って、オブジェクトを変形させます。ここでは、旗のオブジェクトをなびかせたり、リボンのオブジェクトをアーチ状にしたりしてみましょう。

旗のオブジェクトをなびかせる

1. [選択]ツールで旗のオブジェクトを選択し（①）、[プロパティ]パネルの[アピアランス]にある[効果を選択]ボタン（②）から[ワープ]→[旗]を実行します（③）。

2. [ワープオプション]ダイアログが開くので、④のように設定してOKをクリックして適用します（⑤）。各設定項目の機能は下の表のとおりです。

①	ワープの種類を選択
②	曲げる基準軸を指定
③	適用する曲げの度合いを指定
④	水平方向、垂直方向への変形の度合いを指定

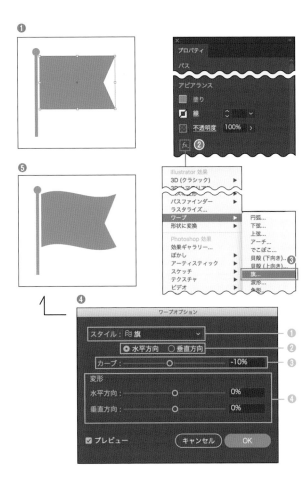

リボンのオブジェクトをアーチ状にする

1. [選択]ツールでリボンのオブジェクトを選択し（①）、[プロパティ]パネルの[アピアランス]にある[効果を選択]ボタン（②）から[ワープ]→[アーチ]を実行します（③）。

2. [ワープオプション]ダイアログが開くので、④のように設定してOKをクリックして適用します（⑤）。

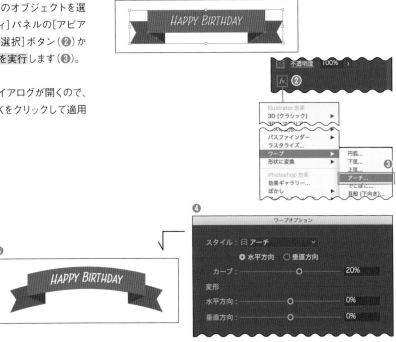

【3Dとマテリアル】
平面オブジェクトを3D化する

3Dとマテリアルパネルの概要

3Dメニューは4種類

[ウィンドウ]メニュー→[3Dとマテリアル]を選択してみましょう(**1**)。[3Dとマテリアル]パネルが開きます(**2**)。
[オブジェクト]タブには[平面][押し出し][回転体][膨張]の4種類があり、このアイコンをクリックして平面オブジェクトに3D効果を加えます。

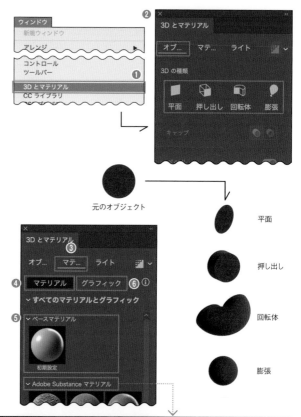

元のオブジェクト

平面

押し出し

回転体

膨張

表面に各種マテリアルを適用できる

[マテリアル]タブ(**3**)をクリックすると、3Dオブジェクトの表面に貼り付けるためのリストが表示されます。[マテリアル](**4**)には[ベースマテリアル]のほかに、[Adobe Substanceマテリアル]として42種類が用意されています(**5**)。[グラフィック](**6**)では、3Dオブジェクトにマッピングするグラフィックをユーザーが自由に追加することができます(**7**)。

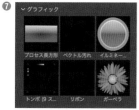

初期設定のグラフィック

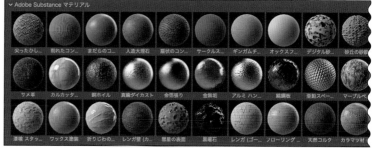

ライティングの設定は4種類

[ライト]タブでは、オブジェクトへのライティング(角度、量、明るさなど)を設定します。プリセットには、「標準」「拡散」「左上」「右面」の4種類が用意されています(**8**)。

元のオブジェクト

天然コルク＋ライト(右面)

押し出しで
オブジェクトを3D化する

3Dの具体例として、まずは[押し出し]から見ていきましょう。

1 サンプルデータの雪の結晶を選択したら（❶）、[3Dとマテリアル]パネル内の[オブジェクト]タブ→[押し出し]（❷）をクリックします。

2 初期設定の数値でオブジェクトが押し出されます（❸）。
押し出しの奥行きを変更するには❹のスライダを移動するか直接数値を入力します。また、オブジェクトの回転は❺のスライダでX・Y・Z軸をそれぞれ変更するか、オブジェクトの中央に表示される「⊕」マーク（❻）を使って行うことができます。マウスのポインタをマークに合わせると、下図のように変化するので、目的に合わせてドラッグします。

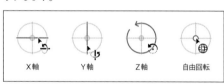

バウンディングボックスを非表示にしたり（《⌘ + shift + B》）、境界線を非表示（《⌘ + H》）にしたりすると変化が見やすくなります（❼）。
また、オブジェクトに遠近感をつけたいときは、好みに応じて❽のスライダを動かします。

3 押し出した際の角の形状をベベルといいます。ベベルを設定するには、❾のスイッチをスライドします。❿は、[奥行き：4mm][ベベル：クラシックアウトライン、幅・高さ：50%、繰り返し：1]で設定したオブジェクトです。雪の結晶の雰囲気が出せました。なお、上記の操作で作成したオブジェクト表面にさまざまなマテリアルを適用したいときは、[マテリアル]タブをクリックして表示されるリストから好みのものを選んでクリックします（⓫は「ワックス塗装」の例）。

❶
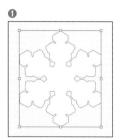

❸
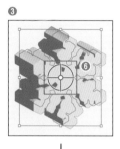
❻

❼
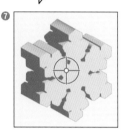

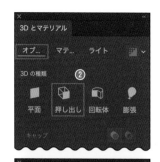

❿

❿

⓫

回転体で
オブジェクトを3D化する

次は［回転体］の作例を見てみましょう。

1 サンプルデータ中央の線のオブジェクトを
選択したら（❶）、［3Dとマテリアル］パネ
ル内の［オブジェクト］タブ→［回転体］
（❷）をクリックします。

2 初期設定の数値で回転体オブジェクトが
つくられ、徳利が表現できました（❸）。
❹は初期設定で回転体を作成した際の
［3Dとマテリアル］パネルです。回転体の
角度（0〜360°）や回転軸（左端／右端）、
回転軸からのオフセットは❺のスライダや
メニューで変更します。

3 オブジェクト全体の角度の変更は、❻のプ
リセットメニューから選ぶかX・Y・Z軸のス
ライダを移動する、あるいはオブジェクト
の中央に表示される「⊕」マーク（❼）をドラ
ッグして行います。
マウスのポインタをマークに合わせると、
下図のように変化するので、目的に合わせ
てドラッグします。

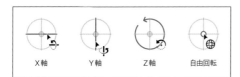

| X軸 | Y軸 | Z軸 | 自由回転 |

また、オブジェクトに遠近感をつけたいと
きは、好みに応じて❽のスライダを動かし
ます。

4 徳利が作成できたので、今度は隣にある
お猪口の元になるオブジェクト（❾）でも同
様の操作をしてみましょう。
上記の操作で作成したオブジェクト表面に
さまざまなマテリアルを適用するときは、
［マテリアル］タブをクリックして表示され
るリストから好みのものを選んでクリック
します（❿は「ワックス塗装」の例）。

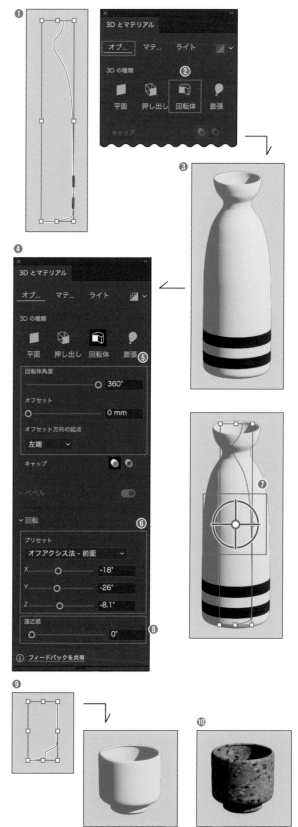

膨張で
オブジェクトを3D化する

次は[膨張]の作例を見てみましょう。

1 サンプルデータの右側のオブジェクトを選択したら（❶）、[3Dとマテリアル]パネル内の[オブジェクト]タブ→[膨張]（❷）をクリックします。

2 初期設定の数値で膨張オブジェクトがつくられ、チョコレートで描いたような雰囲気が表現できました（❸）。[膨張]はパスの表面だけを丸く盛り上げる3D効果です。底面を見ると、オブジェクトの境界線は元のままなのがわかります（❹）。

3 ❺は初期設定で膨張を適用した際の[3Dとマテリアル]パネルです。膨張の奥行きやボリューム（膨張の度合い）は❻のスライダで変更します。

4 オブジェクト全体の角度の変更は、❼のプリセットメニューから選ぶかX・Y・Z軸のスライダを移動する、あるいはオブジェクトの中央に表示される「⊕」マーク（❽）をドラッグして行います。
また、オブジェクトに遠近感をつけたいときは、❾のスライダを動かします。

ここも CHECK!

🔖 3D（クラシック）について

[効果]メニュー→[3Dとマテリアル]→[3D（クラシック）]（ⓐ）を選択すると、CC2021までの旧来の3Dダイアログ（ⓑ）が表示されます。

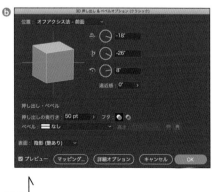

LESSON 10/08

【不透明度、描画モード】
不透明度や描画モードを知る

Sample Data / 10-08

不透明度や描画モードは透明パネルで設定

オブジェクトの不透明度の設定は[ウィンドウ]メニュー→[透明]で表示される[透明]パネルを使用します。

右のパネル画像は、オプションを表示した状態の[透明]パネルです。各部の機能は下表を参照してください。

①	描画モード。重なり合うオブジェクトのカラーをブレンドする方法で、15種類用意されている
②	透明の割合を数値入力かスライダーで指定
③	不透明マスクを作成。不透明マスクを選択している場合は「解除」になる
④	チェックすると、レイヤーやグループ内だけで描画モードが適用され背面のオブジェクトには影響しない
⑤	チェックすると、グループ間同士で描画モードの影響はなくなる
⑥	オブジェクトの不透明度に比例した抜きの効果が得られる。不透明度が高いほど抜きの効果は強くなり、不透明度が低いほど抜きの効果は弱くなる
⑦	パネルメニュー

透明パネルの使用例

1. サンプルオブジェクトを選択し（①）、[透明]パネルで[描画モード：ソフトライト]（②）に設定します。設定した描画モードに応じて、オブジェクトと背景の色がブレンドされて表示されます（③）。

2. オブジェクトを選択した状態で、[control]＋クリック（右クリック）で表示されるコンテキストメニューから[グループ]（④）を選んでグループ化します。

3. [描画モードを分離]（⑤）にチェックを入れます。そうすると、背景の模様には描画モードは適用されず、グループ内だけで描画モードが適用されるようになります（⑥）。

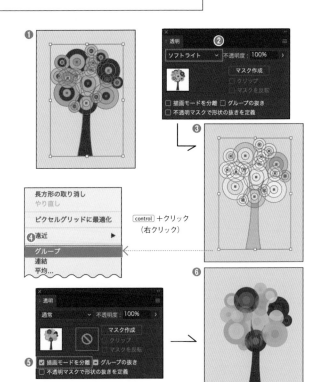

15種類の描画モード

描画モードは「通常」以外に15種類あります。ここでは同じ作例をもとに、どのような効果が得られるかを見ていきましょう。

通常
初期設定。背景と上のオブジェクトの色が影響し合うことはない

比較(暗)
重なっている色どうしの暗いほうが採用される

覆い焼きカラー
背景の色を明るくして反映し、コントラストを弱くする

除外
差の絶対値と同様の効果だが、コントラストは低い

乗算
背景の色に上のオブジェクトの色を重ね合わせる。重なったぶんだけ黒に近づく

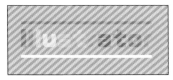

オーバーレイ
乗算とスクリーンを合わせた設定。背景の色が明るいとスクリーン、暗いと乗算の効果が出る

色相
背景の輝度と彩度、上のオブジェクトの色相が採用される

焼き込みカラー
背景の色を暗くして反映し、コントラストを強くする

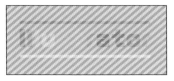

ソフトライト
背景の色が明るいと白く、暗いと黒く掛け合わされる。オーバーレイよりも変化が控え目

彩度
背景の輝度と色相、上のオブジェクトの彩度が採用される

比較(明)
重なっている色どうしの明るいほうが採用される

ハードライト
背景の色が明るいと白く、暗いと黒く掛け合わされる。オーバーレイやソフトライトよりも効果が激しい

カラー
背景の輝度、上のオブジェクトの色相と彩度が採用される

スクリーン
背景の色に上の色を重ね合わせる。重なったぶんだけ白に近づく

差の絶対値
明度の高いほうから明度の低いほうを引いたもの

輝度
背景の色相と彩度、上のオブジェクトの輝度が採用される

LESSON 10 / 09

【不透明度とグラデーション】

不透明マスクを作成する

Sample Data / 10-09

不透明マスクで徐々に透明になる オブジェクトを表現する

不透明マスク を適用すると、オブジェクトの一部を徐々に透明にできます。マスクオブジェクトの色が濃ければ濃いほど、背景オブジェクトが透明になります。

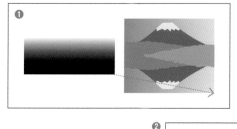

1 サンプルデータを開きます（❶）。逆さになった富士山のオブジェクトの上に、左のグラデーションのオブジェクトを重ねます（❷）。

2 2つのオブジェクトを選択したら[透明]パネルの[マスク作成]（❸）をクリックします。この操作で不透明マスクが作成され、オブジェクトが徐々に透明になります（❹）。
不透明マスク作成後の[透明]パネルの表示は、❺のとおりです。

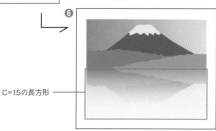

3 オブジェクトの背景に水色（C=15）の背景を敷くと水面に映った逆さ富士が表現できます（❻）。

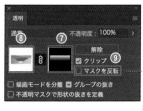

C=15の長方形

4 不透明マスクを作成した後にマスクオブジェクトを修正するときは、[透明]パネルのマスクオブジェクトのサムネール（❼）をクリックします。マスクオブジェクトだけが選択できる状態になり、自由に修正できます。また、このとき option ＋クリックすると、マスクオブジェクトだけの表示になります。不透明マスクの編集を終えるには、❽のサムネールをクリックします。
また、[マスクを反転]をクリックするとマスクオブジェクトの色が薄いほうが透明になります（❾）。

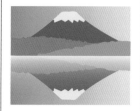

Ai

LESSON

11

現場で役立つ便利な機能

アピアランスをワンタッチで
ほかのオブジェクトに適用する

作成したアピアランスは グラフィックスタイル として[グラフィックスタイル] パネルに登録でき、パネル内のアイコンをクリックして ほかのオブジェクトへ適用 できます。

グラフィックスタイルの登録と適用

1　サンプルデータを開き、[選択]ツールでアピアランスが設定されたオブジェクトを選択します（❶）。このオブジェクトは、「塗り」にフリーグラデーションで4色、「線」にグレーの点線が設定されています（❷）。

2　[ウィンドウ]メニュー→[グラフィックスタイル]を選択して[グラフィックスタイル]パネルを開き（❸）、パネル上に オブジェクトをドラッグ&ドロップ します（❹）。

3　オブジェクトのアピアランスが、[グラフィックスタイル] パネルに登録されました（❺）。サムネールをダブルクリックすると、スタイル名 をつけることもできます（❻）。

4　ほかのオブジェクトに登録したスタイルを適用するときは、オブジェクトを選択し（❼）、新たに登録したスタイルをクリックするだけでOKです（❽）。

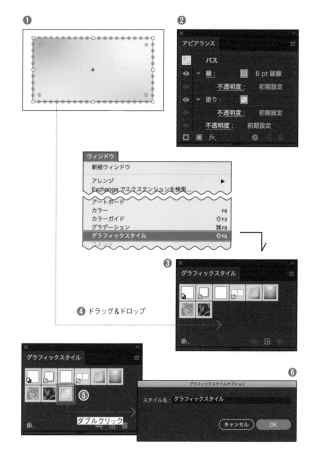

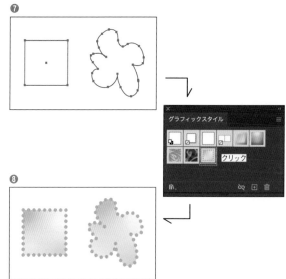

グラフィックスタイル
ライブラリを開く

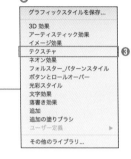

1. [グラフィックスタイル]パネルの[グラフィックスタイルライブラリメニュー](❶)をクリックすると、さまざまなプリセットのグラフィックスタイルライブラリが表示されます(❷)。このなかから、たとえば[テクスチャ](❸)を選択してみましょう。

2. [テクスチャ]ライブラリが表示されます(❹)。

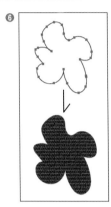

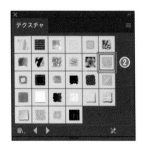

3. サンプルオブジェクトに[テクスチャ]ライブラリから[RGB レンガ](❺)を適用すると、❻のようになります。
　グラフィックスタイルは、オブジェクトにワンタッチでさまざまなアピアランスを適用できるので、非常に便利です。

レイヤーに
グラフィックスタイルを適用する

グラフィックスタイルはレイヤーに適用することもできます。そのレイヤーに描かれたオブジェクトは、グラフィックスタイルが適用されるようになります。

1. [レイヤー]パネルでターゲットコラムをクリックして(❶)、[テクスチャ]ライブラリにある[RGB コンクリート](❷)をクリックしてみましょう。

2. 「塗り」「線」をなしの状態(❸)にして、そのレイヤー上に図形を描くと、選択したグラフィックスタイル[RGB コンクリート]が適用されて描かれます(❹)。

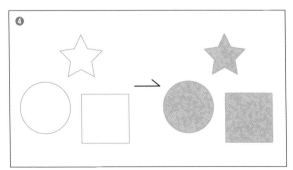

直線や曲線、多角形や楕円形などを自由に描ける

ドキュメント内で何回も使うオブジェクトをシンボルとして登録できます。登録したシンボルは、インスタンスとして個別に配置したり、専用ツールで配置したりできます。

シンボルを登録する

1　サンプルデータを開きます（❶）。続いて[ウィンドウ]メニュー→[シンボル]を実行し、[シンボル]パネルを表示します（❷）。

2　オブジェクトを選択して[シンボル]パネルにドラッグするとポインタが「⊕」マークになるので、マウスをはなします（❸）。

3　[シンボルオプション]ダイアログが表示されます。[名前]欄は「flag」などとわかりやすいものにし、また、[シンボルの種類＝ダイナミックシンボル]にして[OK]ボタンをクリックします（❹）。

4　新規シンボルが[シンボル]パネルに追加されます（❺）。シンボルのアイコンの右下には、ダイナミックシンボルであることを示す「+」が表示されます。
なお、ダイナミックシンボルは配置した個別のインスタンスに対して色を変更するなどの編集を加えられるのに対し、スタティックシンボルは編集を加えられません。

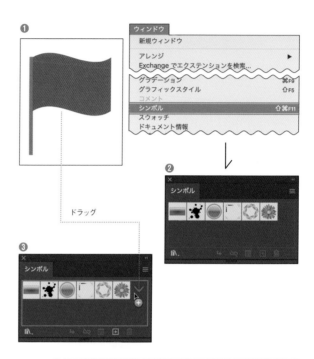

❶

ドラッグ

ウィンドウ
新規ウィンドウ
アレンジ　　　　　　　　　　　　　▶
Exchange でエクステンションを検索...
グラデーション　　　　　　　　　　⌘F9
グラフィックスタイル　　　　　　　⇧F5
コメント
シンボル　　　　　　　　　　　　⇧⌘F11
スウォッチ
ドキュメント情報

❷

❸

❹
シンボルオプション
名前：flag
書き出しタイプ：ムービークリップ ⌄
シンボルの種類：◉ ダイナミックシンボル
　　　　　　　　○ スタティックシンボル
基準点：
□ 9 スライスの拡大・縮小用ガイドを有効にする

ⓘ 「ムービークリップ」および「グラフィック」は Flash 読み込み用のタグです。Illustrator では、2 つのシンボルに違いはありません。

キャンセル　　　OK

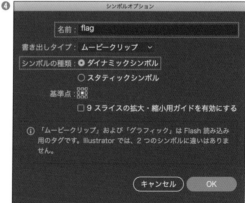

❺

シンボルインスタンスを配置する

1 アートボードに登録したシンボルを配置するには、アイコンをパネルからドラッグするか（❶）、アイコンを選択して［シンボルインスタンスを配置］ボタン（❷）をクリックします。あるいは、パネルメニューから［シンボルインスタンスを配置］を選んでも同じです（❸）。

2 配置されたシンボルインスタンス（❹）には中心部分に「＋」が表示され、通常のオブジェクトと区別することができます。シンボルは、地図上のマークなど、同じ形のものを複数配置する際に便利です。

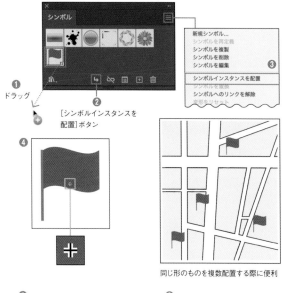

❶
ドラッグ

❷
［シンボルインスタンスを配置］ボタン

❹

同じ形のものを複数配置する際に便利

シンボルインスタンスの色を変更する

1 配置したダイナミックシンボルは［ダイレクト選択］ツールで色を変更できます。旗のオブジェクトを選択して（❶）、たとえばグリーンに変更します（❷）。

2 元のオレンジ色に戻すには、変更したシンボルインスタンスを選択して［プロパティ］パネルの［リセット］（❸）をクリックします。また、［リンクを解除］（❹）をクリックすると、独立したオブジェクトとして扱えるようになります。

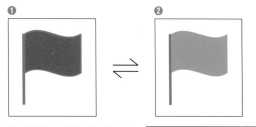

❶　❷

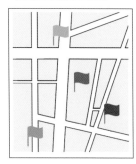

シンボルの色を自由に変更できる

シンボルインスタンスを編集する

1 ［プロパティ］パネルの［シンボルを編集］（❶）、［シンボル］パネルのアイコン（❷）をダブルクリックのどれかを実行します。

2 画面上部に灰色でシンボル名が表示され、シンボル編集モードに入ります（❸）。ここでシンボルを変更すると、配置されたすべてのシンボルが変更されます。

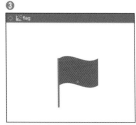

シンボル系ツールで
シンボルを配置・編集する

シンボルは単独で配置するほか、シンボルツール
を利用して連続して配置したり、大きさや方向、
色、不透明度などを変更することもできます。

シンボル系ツールは8種類

[ツール]パネルから[シンボルスプレー]ツールを
選択します（❶）。マウスを長押しすると格納され
ているツールが表示されるので、パネルを独立し
ておきましょう（❷）。

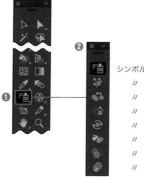

シンボルスプレー
  〃 シフト
  〃 スクランチ
  〃 リサイズ
  〃 スピン
  〃 ステイン
  〃 スクリーン
  〃 スタイル

[シンボルスプレー]ツールで配置する

1 　サンプルデータを開いたら、[シンボル]パ
　　ネルを表示し、花のアイコンをクリックし
　　ます（❶）。続いて[ツール]パネルから[シ
　　ンボルスプレー]ツールを選択します（❷）。

2 　カーソルの形状が❸のようになります。ア
　　ートボード上を自由にドラッグすると、シ
　　ンボルがドラッグの軌跡に応じて配置され
　　ます（❹）。

3 　ツールのアイコンをダブルクリックすると、
　　[シンボルツールオプション]ダイアログが
　　表示されます（❺）。
　　このダイアログでカーソルに表示される円
　　の直径などを設定します（❻）。
　　また、このダイアログは、❼のアイコンを
　　クリックすることで、シンボル系のツール
　　8種類すべてに対応しています。

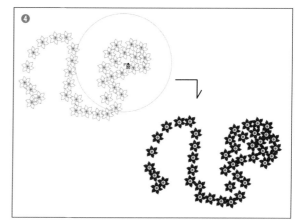

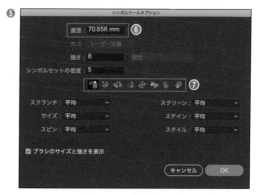

そのほかのシンボル系ツール

[シンボルスプレー]ツールはシンボルをスプレーのように新規に配置します。そのほかの7種類のツールは、配置されたシンボルに対して操作します。それらの機能を右の作例で見ていきましょう。

✎ [シンボルシフト]ツール（❶）

配置されたシンボルをドラッグした方向に移動させます。

✎ [シンボルスクランチ]ツール（❷）

配置されたシンボルを密集させます。マウスボタンを押す長さに応じて密集度が変わります。拡散は option キーを押しながらマウスボタンを押します。

✎ [シンボルリサイズ]ツール（❸）

ドラッグしてシンボルを拡大させます。マウスボタンを押す長さに応じて拡大します。 option キーを押しながらマウスボタンを押すと縮小します。

✎ [シンボルスピン]ツール（❹）

シンボルをドラッグするとそれぞれのシンボルが回転して、向きが変わります。

✎ [シンボルステイン]ツール（❺）

シンボルをドラッグして、カラーパネルで選択した色（例ではグリーン）へ変更します。マウスボタンを押す長さに応じて色が濃くなります。元の色に戻すには option キーを押しながらマウスボタンを押します。

✎ [シンボルスクリーン]ツール（❻）

シンボルをドラッグして部分的に透明にします。マウスボタンを押す長さに応じて不透明度が低くなり、 option キーを押しながらドラッグすると徐々に元の不透明度に戻ります。

✎ [シンボルスタイル]ツール（❼）

[グラフィックスタイル]パネルでスタイルを選択し（ここでは「夕暮れ」（ⓐ））、ドラッグしてスタイルを追加します。 option キーを押しながらドラッグするとスタイルが削除されます。

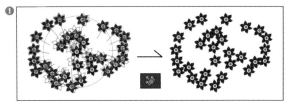
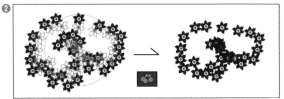
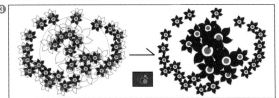
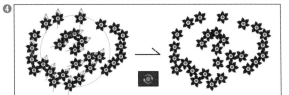

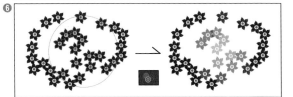
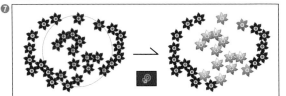

LESSON 11 / 04

【簡単なパターンの作成方法】
ドットのパターンを作る

Sample Data / 11-04

シンプルなドットの パターンを作る（1）

ドットのパターンはとても汎用性があります。いろいろなジャンルのデザインに使えるので、ぜひマスターしておきましょう。

パターンの登録

1. サンプルデータの左側のオブジェクトを使います（❶）。このオブジェクトを[スウォッチ]パネル内へドラッグすると（❷）、新規パターンとして登録されます（❸）。

2. ❹は四角形のオブジェクトに新規パターンを適用したところです。

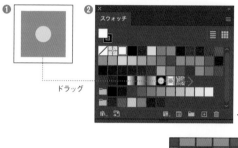

ドラッグ

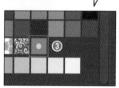

パターンオプション

1. 登録したパターンをダブルクリックすると、[パターンオプション]ダイアログが開きます（❶）。このダイアログで名前をつけたり、[タイルの種類]（❷）から並び方を変更したりできます。また「レンガ（横／縦）」では、ずれ方を[レンガオフセット]から選ぶこともできます（❸）。

2. たとえば[タイルの種類]からそれぞれの項目を選ぶと初期設定の「グリッド」から下図のように変化します。

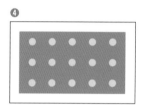

ダブルクリック

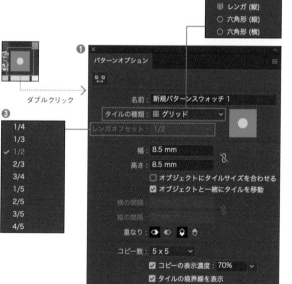

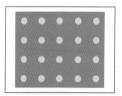

グリッド（初期設定）

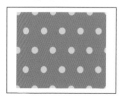

レンガ（横）　レンガ（縦）

六角形（縦）

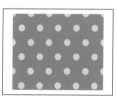

六角形（横）

シンプルなドットの
パターンを作る（2）

前ページは背景に最初から色があるドットのパターンを作成しました。背景の塗りを「なし」にしてパターンを作成すると、アピアランスを利用して背景の色を自由に設定できます。

パターンの登録

1. サンプルデータの右側のオブジェクトを使います（❶）。このオブジェクトを[スウォッチ]パネル内へドラッグすると、新規パターンとして登録されます（❷）。

2. ❸は四角形のオブジェクトに新規パターンを適用したところです。パターンに用いた正方形は「塗り」が設定されていないので、ドット部分以外は背景が見えます。

アピアランスで背景を追加する

1. 背景に色を敷くには、[アピアランス]パネルを利用します。パターンを適用した四角形（❶）を選択し、[アピアランス]パネルを表示します（❷）。

2. [新規塗りを追加]をクリックし（❸）、パターンの「塗り」の下に好みの色を設定します（❹）。

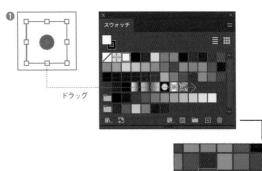

ドラッグ

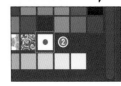

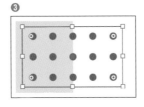

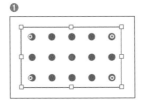

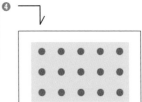

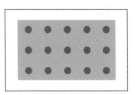

背景を好みの色に変更できる

LESSON

11

現場で役立つ便利な機能

11

LESSON / 05

【パターンの編集方法】

パターンを編集する

Sample Data / 11-05

登録したパターンを変更して バリエーションを作る

登録したパターンはさまざまに編集することがで
きます。オリジナルのパターンライブラリを増や
していけば、デザインのバリエーションが広がり
ます。

1 サンプルデータの❶のオブジェクトに適用
されているパターンは、[スウォッチ]パネ
ルにある❷です。

2 このスウォッチを、[スウォッチ]パネルか
らアートボードにドラッグします（❸）。
配置されたオブジェクトはグループ化され
ているので、必要に応じてグループ化を解
除しましょう。

3 背景の緑色を茶色、黄色の円を大きなオ
レンジ色の円に変更してみましょう（❹）。
変更したオブジェクトを[スウォッチ]パネ
ルにドラッグして登録し、オブジェクトに
適用します（❺）。

4 中央の円形を四角形に変更して色を入れ
替えたり、グレースケールにして円に線幅
を設定したりすると、簡単にパターンのバ
リエーションが増えていきます（❻）。

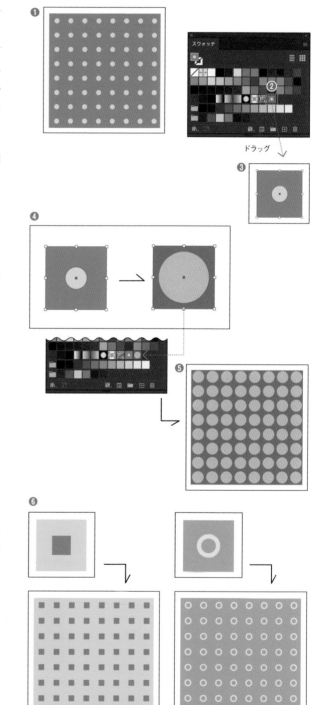

ドラッグ

208

パターンだけを拡大・縮小、回転させる

オブジェクトに適用されているパターンを拡大・縮小したり、回転したりする方法を見ていきましょう。

パターンを縮小する

1. サンプルデータ（❶）のブルーのオブジェクトを選択して、[スウォッチ]パネルの❷のパターンを適用します（❸）。

2. パターンを適用したシャツのオブジェクトを選択した状態で、[拡大・縮小]ツール（❹）をダブルクリックします。

3. 表示される[拡大・縮小]ダイアログで[縦横比を固定：50%]、オプションは[パターンの変形]だけをチェックして[OK]をクリックします（❺）。この操作で、シャツのパターンだけ縮小されます（❻）。

パターンを回転する

1. ブルーのオブジェクトに[スウォッチ]パネルの❶のパターンを適用します（❷）。

2. シャツのオブジェクトを選択して[回転]ツール（❸）をダブルクリックします。

3. [回転]ダイアログで[角度：45°]、オプションは[パターンの変形]にチェックして[OK]をクリックします（❹）。この操作で、シャツのパターンだけ回転します（❺）。

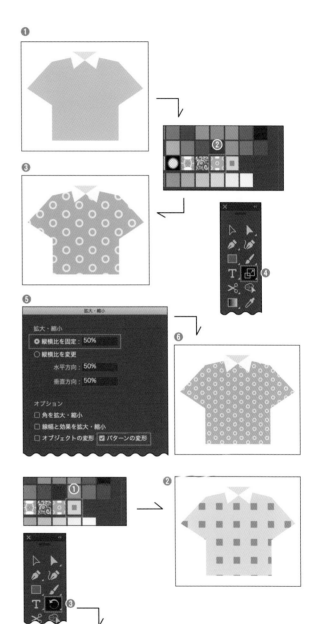

209

【散布ブラシの作成方法】

散布ブラシを作る

パスに沿って散布される
ブラシの登録と適用

散布ブラシは、登録したオブジェクトをパスに沿って複数配置するブラシです。ここでは、線のカラーに応じてブラシの色も変わる散布ブラシを作ってみましょう。

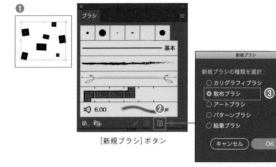

[新規ブラシ]ボタン

1　ブラシとして登録する四角形のオブジェクト群（❶）を選択し、[ブラシ]パネルの[新規ブラシ]（❷）をクリックします。[新規ブラシ]ダイアログで[散布ブラシ]（❸）にチェックを入れ[OK]します。

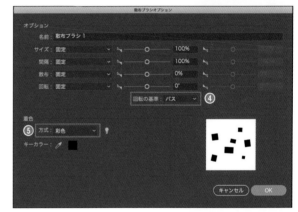

2　[散布ブラシオプション]ダイアログが開くので、回転の基準は[パス]に（❹）、彩色の方式を[彩色]にします（❺）。
彩色の方式を[彩色]にすると、線の色に応じてブラシの色も変わります。
[OK]ボタンをクリックしすると、散布ブラシに登録されます（❻）。

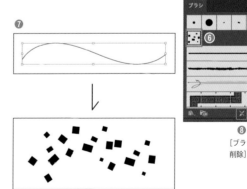

[ブラシストロークを
削除]ボタン

3　散布ブラシを適用するパス（❼）を選択し、登録したブラシを選択します。パスに登録したブラシが適用されました。
[ブラシストロークを削除]ボタン（❽）をクリックすると、散布ブラシが解除されて元の線に戻ります。

4　パスの色を変更すると、適用されているブラシの色も変更されます（❾）。

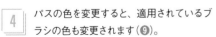

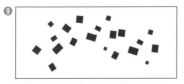

適用した散布ブラシは、[カラー]パネルや[スウォッチ]パネルなどで色を変更できます。

【パターンブラシの作成方法】
パターンブラシを作る

パターンブラシを使って飾り罫を手軽に作成する

パターンブラシは、登録したパターンをパスの角や辺に応じて変形しながら描画するブラシです。パターンブラシを用いると、手軽に罫線を飾り枠にすることができます。

1 パターンの辺となるオブジェクトを選択します（❶）。

2 [ブラシ]パネルの[新規ブラシ]ボタン（❷）をクリックし、[新規ブラシ]ダイアログで[パターンブラシ]にチェックを入れます（❸）。

3 [パターンブラシオプション]ダイアログが開きます。自動的に[外角タイル]（❹）には[自動スライス]、[サイドタイル]（❺）には[オリジナル]が選択されています。[外角タイル]に[自動中央揃え]（❻）を選択し、[着色方式：彩色]にして[OK]をクリックします。

4 [ブラシ]パネルにパターンブラシが登録されました（❼）。
パターンブラシを適用するには、オブジェクトを選択し、登録したパターンブラシをクリックします（❽）。
[着色方式：彩色]を選んでいるので、オブジェクトの線の色を変更すると、パターンブラシの色も変化します（❾）。

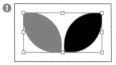
❶
飾り枠のストローク（辺）となるオブジェクト

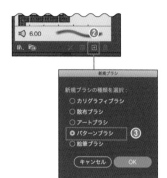
❷ ❸

❻

❹ ❺

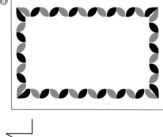
❼ ❽

❾
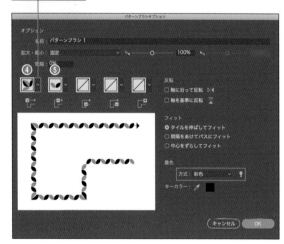
線の色を変更

ラスター画像を使用した
ブラシを作成する

ブラシとして使用できるオブジェクトには、ラスター画像もあります。ラスター画像を使えるのは、アートブラシ、パターンブラシ、散布ブラシの3つです。ここでは一輪の花の画像を散布ブラシに登録してみます。

1　登録したい画像をドキュメントに配置します。ブラシには埋め込まれた画像しか登録できないので、画像は埋め込みます（❶）。

2　オブジェクトを選択して[ブラシ]パネルの[新規ブラシ]ボタン（❷）をクリックし、[新規ブラシ]ダイアログで[散布ブラシ]にチェックを入れます（❸）。

3　[散布ブラシオプション]ダイアログが開きます。❹の数値をランダムにするなど変化させると、さまざまな効果が得られます。各種オプションを設定したら[OK]ボタンをクリックしてブラシを登録します（❺）。

4　自由に描いたパスを選択し、登録したブラシをクリックすると❻のように適用できます。設定後は❺をクリックするたびにランダムの数値が変化するので、さまざまな効果が得られます。

❶

[新規ブラシ]ボタン

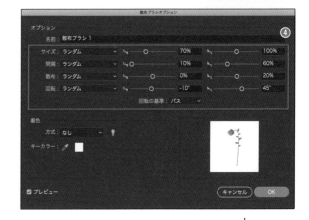

❻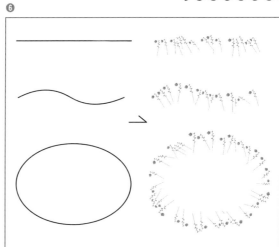

【画像トレース】
便利な画像トレース機能を使う

自動的にトレースする 画像トレース機能

画像トレースは、配置した画像を自動的にトレースする機能です。トレース精度やタッチが異なる各種プリセットがあり、ワンタッチでトレースを行えます。

画像の配置と画像トレース

1　サンプルデータの画像を選択すると（❶）[プロパティ]パネルに[画像トレース]のボタンが表示されます（❷）。このボタンをクリックすると各種プリセットを含むプルダウンメニューが表示されます（❸）。

2　このリストから、目的に合ったものを選択します。たとえば写真を鮮明にトレースしたい場合は[写真（高精度）]（❹）を選択します。

3　トレース処理が終了したら、選択された状態で[プロパティ]パネルの[画像トレースパネルを開く]（❺）をクリックして、[表示]→[アウトライン]を選択してみましょう（❻）。画像がアウトライン表示になり、元画像がパス化されているのがわかります（❼）。

4　画像トレースのプリセットは、[拡張]ボタンを押す前であれば何度でも変更して適用できます。プルダウンメニューから[16色変換]（❽）を選択してみましょう。[写真（高精度）]とは違って階調が目立つようになります（❾）。

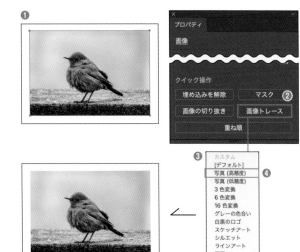

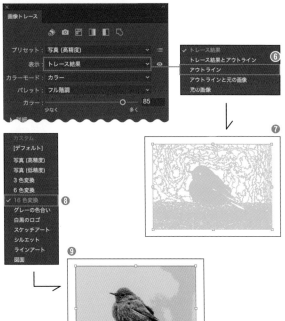

213

[画像トレース]パネルの機能

一度画像トレースを適用したオブジェクトでも、[拡張]ボタンを押す前であれば、あとから変更や適用値を調整できます。

トレースを行ったオブジェクトを選択した状態で[ウィンドウ]メニュー→[画像トレース]を選択し、表示される[画像トレース]パネルで調整します。

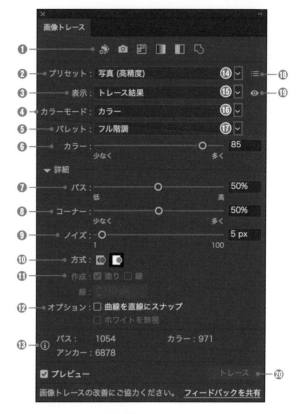

❶	よく使用するプリセット群（6種）
❷	トレースプリセットを選択（11種）
❸	トレースしたオブジェクトの表示を指定
❹	トレースに使用するカラーモードを選択
❺	トレースに使用するパレットを選択
❻	ブラックに変換される値を指定
❼	パスの精密さを設定
❽	パスのコーナーの強調を設定
❾	トレース中に無視する領域をピクセル単位で指定（値が大きいほどノイズが少ない）
❿	パスの方式を選択（切り抜かれたパス／重なったパス）
⓫	塗りで表現／線で表現
⓬	少し曲がった線を直線に置き換えるかどうか／白で塗りつぶされた領域を塗りつぶしなしの領域に置き換えるかどうか
⓭	トレース結果の情報
⓲	プリセットの管理
⓳	押したままにすると元の画像を表示
⓴	設定を適用して選択した画像をトレース

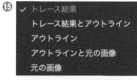

各種プリセットのトレース結果

プリセットをそのまま使うのでは期待したような結果が得られないこともあります。[画像トレース]パネルの設定をプレビューで確認しながら、いろいろと調整してみましょう。

3色変換

グレーの色合い

スケッチアート

Ai

LESSON

12

グラフィック作品を作る

完成イメージ

ロゴ・文字・画像を組み合わせたA4サイズのポスターを作成します。完成イメージは❶のとおりです。このアートワークを構成するパーツは❷のように分けられます。

以降、これらパーツを作成して最終的に完成に至るまでのプロセスを見ていきましょう。

❶

❷

11:00 ▶ 17:00

伊良礼市民公園

3.30

2022.

●オープニングセレモニー 11:15〜　●ワークショップ　14:00〜
会場周辺は混み合いますので、公共交通機関をご利用の上お越しください。
主催：伊良礼市桜まつり実行委員会　03-5217-2400（代表）
後援：伊良礼市

新規ドキュメントを開く

《 ⌘ + N 》で[新規ドキュメント]ダイアログを開き、[印刷]タブ（❶）から[A4 210×297mm]（❷）を選択して[作成]（❸）をクリックします。

[印刷]タブにあるプリセットを選択すると、自動的に単位は[ミリ]、裁ち落としは[3ミリ]、カラーモードは[CMYK]、ラスタライズ設定は[300ppi]に設定されます（❹）。

A4サイズのアートボードで新規ドキュメントが開きます（❺）。

A4サイズの新規ドキュメント

紙面構成を考える

1　実際の作業に入る前に、まずはポスターに入れる文字情報（❶）と画像（❷）を用意しましょう。

❶
第4回
桜まつり
2022.3.30 水曜日
11:00〜17:00
伊良礼市民公園
オープニングセレモニー 11:15〜
ワークショップ　14:00〜
会場周辺は混み合いますので、公共交通機関をご利用の上お越しください。
主催：伊良礼市桜まつり実行委員会
03-1234-5678（代表）
後援：伊良礼市

ポスターに入れる文字情報

ポスターに使用する画像

2　次に、文字と画像をどのように配置するか、紙面構成を考えます。この場合、シンプルな文字と長方形だけで十分です（❸）。
構成が固まったら、ロゴの作成などの具体的な作業を始めます。

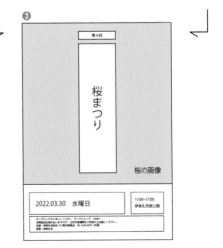

ロゴを作成する

テキストを入力する

1 「桜まつり」という一番目立つロゴを作成します。[文字（縦）] ツールでテキストを入力するか用意してあるテキストをペーストし、フォントやサイズなどを設定します（❶）。

2 このままだと文字間がパラついた印象なので [文字タッチ] ツールで文字の配置や字間を変更します（❷）。「つ」の水平・垂直比率を90%に変更した以外は100%のままです（変更点がわかりやすいように元のテキストを薄アミで残してあります）。

3 ロゴらしくするために、「桜」の文字の一部分を桜の花びらの形にします（❸）。花びらのパーツの作り方は次に解説します。

フォント：VDL ペンレター M（Adobe Fonts）
サイズ：155pt　トラッキング：-100

花びらのパーツを作る

1 桜の花びらのパーツを作ります。まずは、[長方形] ツールで14mm四方の正方形を描き（❶）、45°回転させます（❷）。

2 左右のアンカーポイントを [ダイレクト選択] ツールで選択したら（❸）、ライブコーナー（◉）を選択して内側にドラッグし（❹）、表示が赤くなって動きが止まったらマウスをはなします（❺）。

3 できあがったオブジェクト（❻）を上にドラッグコピーします（❼、右図はわかりやすくするために線を入れています）。

4 両方のオブジェクトを選択したら、[パスファインダー] パネルの [前面オブジェクトで型抜き]（❽）をクリックします。これで、桜の花びらが完成です（❾）。
このパーツをアウトライン化した「桜」の文字と組み合わせます（❿）。

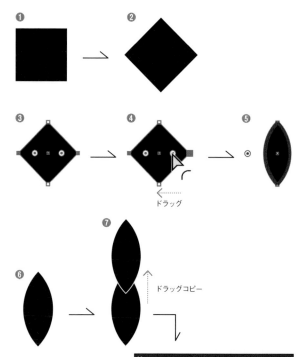

ロゴの色を変更する

1. 「桜まつり」のロゴの色をK=100からM=50に変更します（❶）。この時点で、ロゴ全体を選択して、グループ化しておきましょう。このグループオブジェクトを選択した[アピアランス]パネルは❷のとおりです。

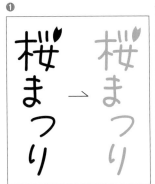

ロゴの縁取りを設定する

1. 次は、ロゴの縁取りを設定します。[アピアランス]パネルの[新規線を追加]（❶）をクリックします。次に、追加された線の上に「内容」をドラッグして線の色を白に変更します（❷）。細い白い線の縁取りが設定されました。

2. [アピアランス]パネルの白い線を選択して線幅を「20pt」にします（❸）。

3. 白い線の縁取りがとがっているので、[線]パネルで角の形状を「マイター結合」から「ラウンド結合」に変更します（❹）。

4. 最後に、[アピアランス]パネルで白い線を選択して[新規効果を追加]ボタン（❺）をクリックし、[スタイライズ]→[ドロップシャドウ]を❻のように設定すればロゴの完成です。

線幅を
20ptに変更

マイター結合

ラウンド結合

文字情報部分を作成する

「第4回」をデザインする

1 ［文字］ツールで「第4回」と入力するか用意
してあるテキストをペーストし、フォントや
サイズ、色を設定します（❶）。

2 ［文字タッチ］ツールで「4」を選択して、水
平・垂直比率を150％に変更します（❷）。
続いて数字と漢字のベースラインを揃えて
字間を調整します（❸）。そして、「4」の色
をピンク色に変更して完成です（❹）。

3 このパーツは、背景の画像の上に配置す
るので、画像の全体を囲むように白い枠で
囲みます（❺）。

> フォント：A P-OTF A1ゴシック StdN B
> サイズ：22pt
> カラー：■ C=55 M=60 Y=65 K=40
> 　　　　■ C=0 M=50 Y=0 K=0

❶ 第4回　→　❷ 第4回

❸ 第4回　→　❹ 第4回
ベースラインと字間を修正　　　色を変更

❺ 第4回

「11:00〜17:00」をデザインする

1 「〜」の部分は「▶」にデザインするため、
「11:00　17:00」と入力し、フォントやサイ
ズ、色を設定します（❶）。ここでは、間の
空白に半角スペースを4つ入れています。

2 ［多角形］ツールで任意の場所をクリック
し、［多角形］ダイアログで❷のように設定
して［OK］をクリックします（❸）。

3 できあがった三角形を角丸にします。オブ
ジェクトを選択して［変形］パネルの［多角
形のプロパティ］にある［角の種類：角丸
（外側）］を［0.45mm］に設定します（❹）。
設定どおりに角丸の三角形になりました
（❺）。そして、この三角形を右に90°回転
させておきます（❻）。

4 先に用意しておいた「11:00　17:00」の文
字の天地左右中央に三角形を置いて完成
です（❼）。

> フォント：DIN 2014 Demi
> サイズ：28pt
> カラー：■ C=55 M=60 Y=65 K=40

❶ 11:00　　17:00

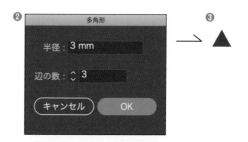

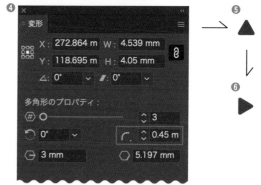

❼ 11:00 ▶ 17:00

「水曜日」をデザインする

1 [文字]ツールで「水」と入力し、フォントやサイズを設定します（❶）。入力した文字は、アウトライン化しておきます。

❶

> フォント：AP-OTF A1ゴシック StdN R
> サイズ：26pt

2 [円]ツールで16mmのピンク色の正円を描きます（❷）。

❷

> カラー： C=0 M=50 Y=0 K=0

3 アウトライン化した文字と正円を選択して、[整列]パネルの[水平方向中央に整列]（❸）と[水平方向中央に整列]（❹）を続けてクリックして、正円の天地左右中央に文字を入れます（❺）。

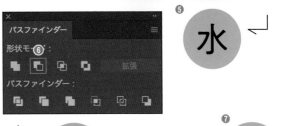

4 2つのオブジェクトを選択したら、[パスファインダー]パネルの[前面オブジェクトで型抜き]（❻）をクリックします。見た目は文字部分を白くしただけのようですが、色のある背景に重ねると文字の部分で背景が透けて見えるのがわかります（❼）。

❺

移動 ❼

「2022.03.30」をデザインする

1 [文字]ツールで「2022.3.30」と入力し、フォントやサイズ、カラーを設定します（❶）。

❶

2022.3.30

> フォント：DIN 2014 Bold
> サイズ：34pt 75pt
> 文字揃え：欧文ベースライン
> カラー：
>   C=55 M=60 Y=65 K=40

2 「3.30」の部分を75ptに大きくし、変化をつけます（❷）。
なお、文字をどの基準で揃えるかの文字揃えは、[文字]パネルのパネルメニュー→[文字揃え]から変更できます（❸）。

❷

2022.3.30

場所や主催者の情報をデザインする

1. 「伊良礼市民公園」と入力し、フォントやサイズ（20pt）を設定します（❶）。少しソフトな感じの丸ゴシックを使用しています。

2. 次に、同じフォントで大きさを10ptにして、まつりの次第や来場の際の注意点、主催者名や連絡先、後援する自治体の名前を入れます（❷）。
これで、文字情報部分は完了です。

フォント：FOT-筑紫A丸ゴシック Std B
サイズ：20pt 10pt
カラー：■■■ C=55 M=60 Y=65 K=40

❶
伊良礼市民公園

❷
●オープニングセレモニー 11:15〜　●ワークショップ　14:00〜
会場周辺は混み合いますので、公共交通機関をご利用の上お越しください。
主催：伊良礼市桜まつり実行委員会　03-5217-2400（代表）
後援：伊良礼市

背景の画像を設定する

1. 背景に桜の花の画像を敷きます。背景の画像が入る範囲は❶のグレーの部分（216×233mm）です。

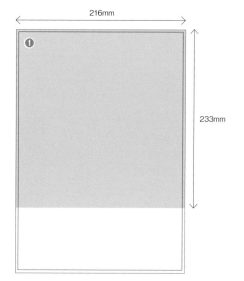

216mm

233mm

2. 216×233mmの四角形の背後に背景の画像を配置し（❷）、両方を選択して control ＋クリックで表示されるコンテキストメニューから[クリッピングマスクを作成]をクリックします。前面の四角形の形にクリッピングマスクが作成されます（❸）。

クリッピングマスク

作成したパーツ一覧

ポスターに入れるパーツがすべて完成しました
（下図）。最初に考えたラフに基づいて配置してい
きましょう。

第 **4** 回

水

11:00 ▶ 17:00

伊良礼市民公園

2022.**3.30**

●オープニングセレモニー 11:15〜 ●ワークショップ　14:00〜
会場周辺は混み合いますので、公共交通機関をご利用の上お越しください。
主催：伊良礼市桜まつり実行委員会　03-5217-2400（代表）
後援：伊良礼市

ここも CHECK!

画像トレースの活用例

もし元画像の解像度が高くなかったり印刷物のサイズが大きかったりするときは、画像トレースを適用して
ベクターデータにしておくと拡大しても画質が悪くならずにすみます（ただし、データによっては処理に時
間がかかって扱いにくくなるので注意が必要です）。
❶の画像はどちらも同じように見えます。ところが、選択してみると左側は配置した画像、右側は画像をト
レースしたベクターデータだとわかります（❷）。ベクターデータは、拡大縮小によって劣化がないことが特
長の一つで、その性質をうまく利用した方法といえるでしょう。

❶

❷

パーツをレイアウトする

背景の画像を配置する

1　❶のラフを見ながら、画像を配置します。きちんと断ち落とし用の赤い線まで画像の枠が伸びていることを確認しましょう（❷）。

文字情報を配置する

1　メインのロゴと「第4回」のパーツを左右中央に配置します（❶）。

2　日付や曜日、場所などの情報は、❷の赤い点線で示したように、天地や左右を揃えながらバランスよく配置していきましょう。

3　最後に、曜日と場所の間に縦の罫線（❸）を入れて完成です。

Ai

LESSON

13

印刷用データの作成方法

LESSON 13 / 01

【トラブルのない印刷のために】
AIデータ入稿の注意点

AI形式のデータを準備する際の さまざまな注意点

Illustratorのネイティブ形式である「AI形式」で入稿する場合の、データ作成上の注意点について見ていきましょう。

バージョン

AI形式で保存する際、[Illustratorオプション]ダイアログが表示され、保存するバージョンを選択できます（①）。印刷会社から特にバージョンの指定がない場合は、自分が作成したバージョンのままでかまいません。

下位のバージョンで保存しても問題ない場合もありますが、上位バージョンの新機能を利用して作成したアートワークなどでは、データに不具合が生じることがあります。

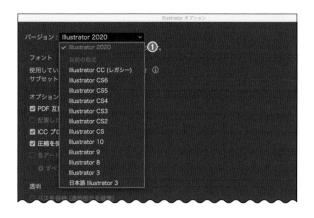

カラーモード

印刷はCMYKのプロセスインクで行うので、入稿データのカラーモードはCMYKでなければなりません。[ファイル]メニュー→[ドキュメントのカラーモード]で確認します（②）。

同様に、配置する画像もCMYKでなければなりません。デジタルカメラなどで撮影した画像はRGBなので、CMYKに変換されているか確認しましょう。

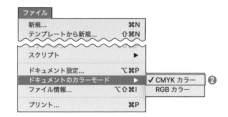

特色

分版プレビューは、CMYKのデータに関して、使用されているCMYK4版＋特色を画面上で確認できる機能です。データを入れる前に余計なカラーがないか確認しましょう。

[ウィンドウ]→[分版プレビュー]を実行し、[分版プレビュー]パネルを表示します（③）。このパネルに特色が表示されていたら、その特色が使われているオブジェクトを削除するか、色を変更すればOKです。また、グレースケールのアートワークの場合は[ブラック]を非表示にしてオブジェクトが表示されないことを確認しましょう。

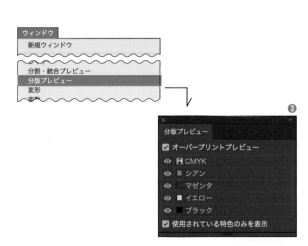

テキストのアウトライン化

文字関連の出力エラーを防ぐには 文字のアウトライン化 が一番です。印刷会社側の環境に使用フォントがない場合に発生する「文字化け」や「文字位置のずれ」などの問題を回避できます。

アウトライン化されていないテキストがあるかどうかを調べるには、[ウィンドウ]→[ドキュメント情報]を実行して[ドキュメント情報]パネルを表示し(❶)、パネルメニューから[フォント]を選択します。このとき、[選択内容のみ]のチェックは外しておきます(❷)。

❸のように「なし」と表示されていれば、テキストがすべてアウトライン化されています。

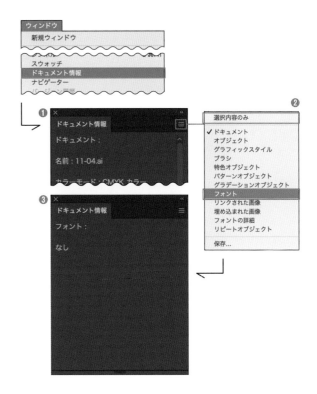

画像の取り扱い

[リンク]パネルのファイル名の横に「🔗」がついているものが リンク画像、何もついていないのが 埋め込み画像 です(❹)。アートワークに画像を配置してあって、配置画像がすべて埋め込まれている場合は、AIデータ単体を受け渡しすればOKです。リンク画像の場合は、AIデータとともに配置した画像の元データも添付する必要があります。配置したリンク画像をまとめてくれる機能が、「ファイルのパッケージ」です(P.229参照)。

不要なオブジェクト

孤立したアンカーポイント、空のテキストパス、塗りのないオブジェクト などは、データを渡す前に削除しておきましょう。

[オブジェクト]メニュー→[パス]→[パスの削除]で表示される[パスの削除]ダイアログで、削除したいオブジェクトの種類にチェックを入れて[OK]をクリックします(❺)。基本的には、すべてチェックでかまいません。

[OK]をクリックすると、チェックを入れたオブジェクトはすぐに削除されます。

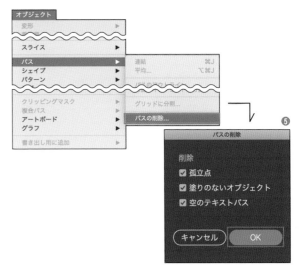

最小線幅

印刷所によって異なりますが、多くは0.2〜0.3pt（0.071〜0.106mm）以上を推奨しているようです。不安であれば、線幅は0.3pt以上で作成するとよいでしょう。

一方、線の設定が「なし」のヘアラインにも注意が必要です。線が[なし]でも画面上では❶のように表示されるからです。レーザープリンタなどでの試し刷りでは、プリンタの限界の細さに線が印刷されるため、最後まで気づかずに印刷してしまうことがあります。

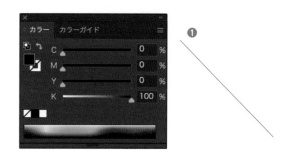

オーバープリント

オーバープリントとは、背景のオブジェクトの上に文字や図形を重ねて印刷する機能のことです。たとえば、白の文字にオーバープリントが設定されていると、プレビューでは表示されている文字が印刷では消えてしまいます（❷）。普段から[表示]メニューの[オーバープリントプレビュー]（❸）で作業する習慣をつければ、こうしたミスは防げるでしょう。

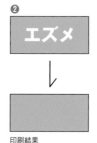

印刷結果

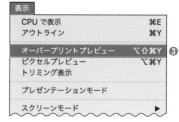

トンボ（トリムマーク）・塗り足し

いわゆる「フチなし印刷」のように、線や画像などを仕上がりまで隙間なく表現するには、トンボ（トリムマーク）を仕上がりの大きさに設定して、3ミリの裁ち落とし設定とその塗り足しをしたデータを作成します（❹）。データを渡す前にもう一度確認しましょう。

ラスタライズ効果設定

[効果]メニュー→[ドキュメントのラスタライズ効果設定]でダイアログを開き、[解像度：高解像度（300ppi）] [背景：透明]（❺）、[特色を保持：オフ]（❻）になっているか確認しましょう。

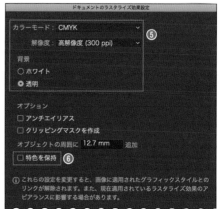

［ファイル］メニュー→［パッケージ］でデータを収集する

アートワークに配置されているリンク画像や使用しているフォントを収集するのが「ファイルのパッケージ」です。

1 ［ファイル］メニュー→［パッケージ］を選択します（❶）。ファイルを保存していない場合は、❷の警告が表示されるので、［保存］をクリックします。

2 ［パッケージ］ダイアログ（❸）が表示されるので、🖿（❹）をクリックして保存したい場所を指定します。
必要であれば、パッケージされるフォルダの名前も変更します（❺）。それらを設定したら［パッケージ］をクリックします。オプション欄は、すべてチェックをつけたままでよいでしょう。

3 フォントのライセンスに関する警告（❻）が表示されるので、内容を確認して［OK］をクリックします。
ライセンス違反が疑われる場合は、アートワーク上のすべてのテキストオブジェクトをアウトライン化しましょう。

4 パッケージが問題なく終了すると、❼のダイアログが表示されます。ここで［パッケージを表示］（❽）をクリックすると、パッケージの内容を確認できます（❾）。

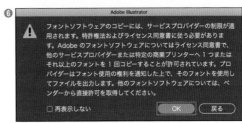

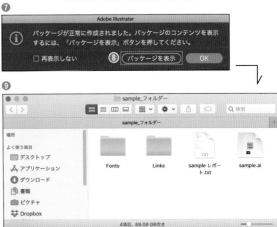

汎用性の高いPDF入稿は
トラブルが少ない

入稿データとしてPDFを使用することが多くなっています。異なるPC環境（OSやバージョンの相違など）でAI形式のデータを扱うと予期しないトラブルが発生することがある一方、PDFデータは汎用性が高いため、トラブルが格段に少なくなるためです。

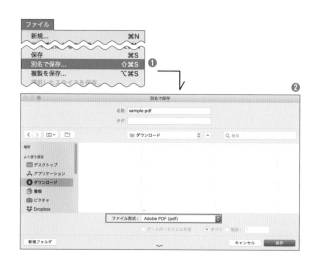

[一般]タブ

1 ［ファイル］メニュー→［別名で保存］を実行します（❶）。［別名で保存］ダイアログが表示されるので、［ファイル形式］の欄で［Adobe PDF（pdf）］を選択し（❷）、［保存］をクリックします。

2 ［Adobe PDFを保存］ダイアログが表示されます。右図はプリセットの［PDF/X-1a:2001（日本）］（❸）を選んだダイアログ（［一般］タブ）です。
印刷所によって準拠するPDF規格は異なりますので、先方の指示があれば、それにしたがいましょう。

[トンボと裁ち落とし]タブ

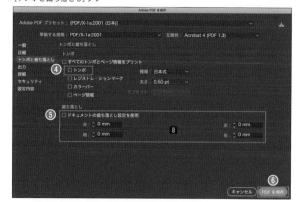

3 右図は［トンボと裁ち落とし］タブです。ここでトンボの有無（❹）や裁ち落としのミリ数を指定します（❺）。この設定も印刷所によって異なるので、指示にしたがいます。
アートボードをアートワークの仕上がりサイズに設定して制作している場合は、［トンボ：オン］［断ち落とし：3mm］に設定します。
各種オプションを設定したら、［PDFを保存］（❻）をクリックします。

4 ❸のプリセットを選んだ場合、PDFを保存する際に❼の警告が表示されます。重大な警告のように見えますが、そのまま［OK］をクリックして続行します。

Ai

LESSON

14

iPad版Illustratorの使い方

iPad版Illustratorとは

iPad版Illustratorとはその名のとおり、iPadアプリとして提供されているIllustratorです。PC用のIllustratorと同じAIデータを扱うことができ、パスやオブジェクトの作成、レイヤー、画像配置などの作業を行うことができます。iPad版Illustratorで編集したデータはクラウドドキュメントとして保存することができるため、PCとiPad間でのデータのやりとりもスムーズに行うことができます。

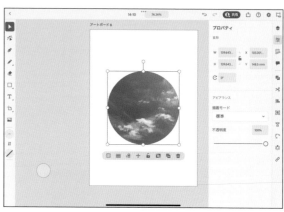

iPad版Illustratorの操作画面

iPad版Illustratorの入手方法

iPad版Illustratorは、Illustratorを含むCCプランをお持ちの場合、追加料金なしで利用できます。iPadアプリのIllustratorを入手して、Adobe IDでログインすれば、すぐに利用することができます。

iPad版Illustratorでできること

iPad版IllustratorはPC版Illustratorと比べると機能は限定されていますが、基本的な画像編集を行うことは可能です。レイヤーを作成してパスを作成したり、文字を入力したり……。画像をトレースして、ベクターオブジェクトにすることも可能です。

14 LESSON / 02

【新規作成、開く、公開と書き出し】
ドキュメントの作成・表示・書き出し

Sample Data /No Data

ドキュメントを新規作成／開く

1 iPad版Illustratorを起動すると ホーム画面 が表示されます。ドキュメントを新規作成 する場合は[新規作成]（❶）を、既存ドキュ メントを読み込む場合は[読み込み／開 く]（❷）をタップします。

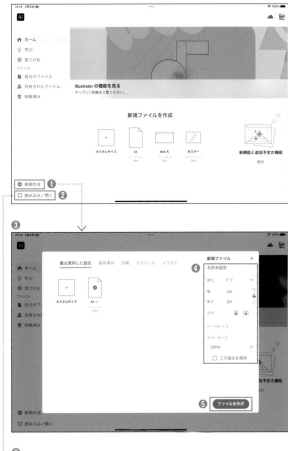

2 [新規作成]をタップした場合は、[新規ファ イル]画面が（❸）表示されますので、ファ イル名やアートボードの大きさ、カラー モードを設定して（❹）[ファイルを作成] （❺）をタップします。

3 [読み込み／開く]をタップした場合は、[ブ ラウズ]画面（❻）が表示されますので、開 きたいドキュメントが保存されている場所 から目的のドキュメントを指定して開きま す。

ドキュメントを保存する

iPad版Illustratorで作成または開いたファイルは
クラウドに自動保存されます。そのため、作業を
終了したい場合はアプリを閉じるか、または[戻る]
(❶)をタップするだけでOKです。

ファイル名を変更する

ファイル名を変更したい場合はホーム画面で行い
ます。[最近使用したファイル]に表示されている
ファイルの[…](❶)をタップするとメニューが表
示されますので[名前を変更](❷)をタップして名
前を変更します(❸)。

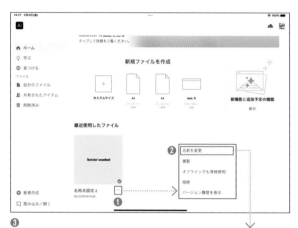

ドキュメントの公開と書き出し

Illustratorで作成したファイルをクラウドドキュメ
ント以外の形式で書き出すことができます。

1 | 編集画面で[共有]アイコン→[公開と書き
出し](❶)をタップします。

[PNGでクイック書き出し]を選択するとPNG形
式で書き出されます。

2 Ai形式で保存したい場合は[Ai形式でクイ
ック書き出し](❷)をタップします。書き出
し先を選ぶ画面が表示されたら保存先を
選択して[保存]をタップします。

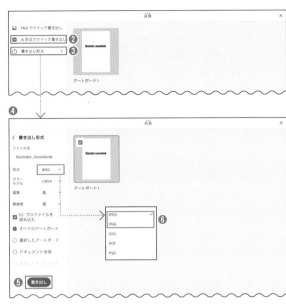

3 [書き出し形式](❸)をタップすると、書き
出し形式を選択する画面(❹)が表示され
るので、好みの設定をして[書き出し](❺)
をタップします。保存先を選んで書き出し
ます。

4 [形式]で[JPEG]または[PNG](❻)を選
ぶと、SNSに直接投稿することもできます
(❼)。

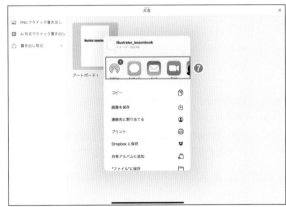

ファイルを共有する

[共有]アイコン(❶)をタップすると、ほかのユー
ザーを招待して、ファイルを共有 することができ
ます(❷)。

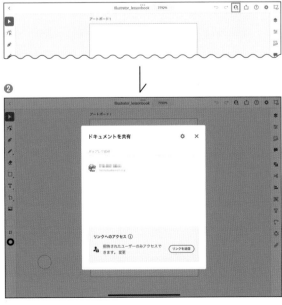

【サンプルデータの読み込み方】
サンプルデータを読み込む

サンプルデータの読み込み方法

本書のサンプルデータをiPad版Illustrator
で読み込むには、あらかじめiPadからアクセ
ス可能なところにデータを置いておく必
要があります。ここではその方法を紹介し
ます。

iPadでデータを
ダウンロードした場合

1 iPadでデータをダウンロードした場合は
[ファイル] (❶)→[iCloud Drive] (❷)→
[ダウンロード] (❸)に保存されます。

2 本書のサンプルデータはZip形式に圧縮さ
れた状態でダウンロードされています。ア
イコン(❹)をタップすると展開されます(展
開されるまでに時間がかかる場合がありま
す)。

3 iPad版Illustratorを起動します。[読み込
み／開く] (❺)→[iCloud Drive] (❻)を選
択します。[ダウンロード]フォルダ(❼)か
ら読み込みたい画像を選びます。

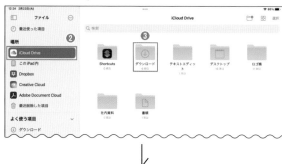

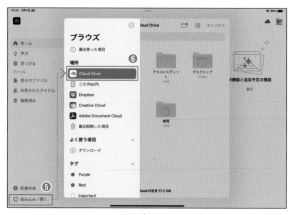

PCでダウンロードしたデータを クラウドにアップしておく

PCでダウンロードしたデータを[Creative Cloud]
や[iCloud Drive]などのクラウドにアップしてお
けば、iPadからデータにアクセスして読み込むこ
とができます。ここではPCで[Creative Cloud
Files]にデータをアップして、iPad版Illustrator
から読み込む方法を紹介します。

[CC]アイコンをクリックする

| 1 | [CC]アイコン(❶)をクリックしてCCアプリを起動します。[ファイル]タブ(❷)→[同期フォルダーを開く](❸)をクリックします。 |

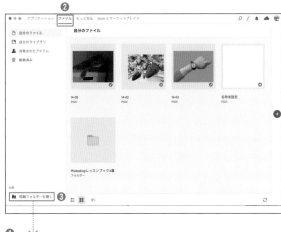

| 2 | [Creative Cloud Files]にサンプルデータをアップします(❹)。 |

| 3 | iPad版Illustratorを起動します。[読み込み／開く](❺)→[Creative Cloud](❻)を選択します。先ほどアップしておいたファイルを読み込みます。 |

PCでダウンロードしたデータを クラウドドキュメントとして保存しておく

PCでダウンロードしたデータをクラウドドキュメントとして保存しておけば、iPadから直接アクセスして読み込むことができます。

1 サンプルデータをPCのIllustratorで開きます（❶）。[ファイル]メニュー→[別名で保存]（❷）を選択します。

2 表示されるダイアログで[Creative Cloudに保存]（❸）を選択します。

3 ファイル名を入力して[保存]をクリックします。これでクラウドドキュメントとして保存されます（❹）。

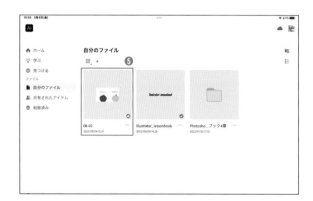

> クラウドドキュメントとして保存すると、拡張子が「.aic」になります。

4 iPad版Illustratorを起動します。[ファイル]をタップして、先ほどクラウドドキュメントとして保存したデータ（❺）を開きます。

【タッチショートカット、ジェスチャー】
タッチショートカットとジェスチャー

タッチショートカットとは

タッチショートカットは、PC版Illustrator でいうところの ⌘ や shift に該当する 機能です。ツールの使用時にタッチショートカットを押したままにすると、一時的に ツールのアクションを変更することができます。

プライマリ　　セカンダリ

様々なツールやアクションの使用中に、円を長押しすると、一時的に動作を変更することができます。

アイコン	ツールまたはアクション	プライマリタッチショートカット	セカンダリタッチショートカット
▶	移動	X/Y軸上で移動	複製
▶	選択	選択範囲に追加	グループ内を選択
⚮	ハンドルを編集	ハンドルのベアリングを解除	ハンドルのベアリングを設定
⚮	ポイントを選択	選択範囲に追加	なし
⊡	コーナーから拡大・縮小	縦横比を固定して拡大・縮小	中心点を基準に拡大・縮小
⊡	サイドまたはトップから拡大・縮小	両サイドを拡大・縮小	なし
↻	回転	45度にスナップ	10度にスナップ
✐	ハンドルをドラッグ	ハンドルのベアリングを解除	ポイントを移動
⬡	シェイプを作成	縦横比を固定してシェイプを描画	中心点を基準に縦横比を固定
❖	レイヤーの選択	選択範囲に追加	なし

ジェスチャーとは

iPad版Illustratorはスマホと同じように、 画面を指でタップしてさまざまな操作を行います。ジェスチャーとは指の使い方のことで、ジェスチャー操作を覚えておけば、 さまざまな作業を素早く行うことができます。

イラスト	ジェスチャー	アクション
🖐	2本指でタップ	取り消し
🖐	3本指でタップ	やり直し
🖐	選択したオブジェクトをダブルタップします	ポイントを編集
🖐	スワイプしてフィールドの値を変更します	スワイプ
🖐	上部のバーをドラッグしてカンバスに移動します	ツールバーから切り離し
🖐	他のオプションを表示するには、ツールとアクションを長押しするかダブルタップします	その他のオプションを表示
🖐🖐	2本指でドラッグしてパンし、ピンチしてズームします	カンバスのズームとパン
🖐	2本指で素早くピンチします	表示サイズを調整

作業中にタッチショートカットや ジェスチャーを確認する

1　ワークスペース右上の⑦（**1**）をタップすると タッチショートカットやジェスチャーを確認することができます。

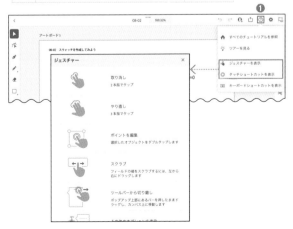

ツールバーと各部の名称

ワークスペースの左側にあるのが **ツールバー** です。PC版とは細部が違いますが、似たアイコンのものがほとんどです。

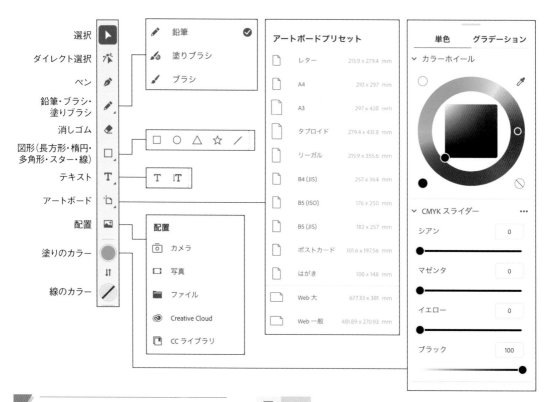

選択
ダイレクト選択
ペン
鉛筆・ブラシ・塗りブラシ
消しゴム
図形(長方形・楕円・多角形・スター・線)
テキスト
アートボード
配置
塗りのカラー
線のカラー

鉛筆
塗りブラシ
ブラシ

配置
カメラ
写真
ファイル
Creative Cloud
CC ライブラリ

アートボードプリセット

レター	215.9 x 279.4	mm
A4	210 x 297	mm
A3	297 x 420	mm
タブロイド	279.4 x 431.8	mm
リーガル	215.9 x 355.6	mm
B4 (JIS)	257 x 364	mm
B5 (ISO)	176 x 250	mm
B5 (JIS)	182 x 257	mm
ポストカード	101.6 x 197.56	mm
はがき	100 x 148	mm
Web 大	677.33 x 381	mm
Web 一般	481.89 x 270.93	mm

単色　グラデーション

カラーホイール

CMYK スライダー

シアン	0
マゼンタ	0
イエロー	0
ブラック	100

線スライダー

[鉛筆(ブラシ・塗りブラシ)]ツール・[消しゴム]ツールは、スライダー(❶)を使用して線の滑らかさを調整することができます。
滑らかさは10段階で、数値が大きくなるほどパスが少なくなり滑らかな線になります(❷)。

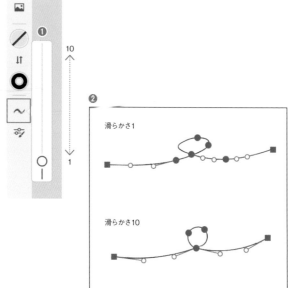

滑らかさ1

滑らかさ10

タスクバーと各部の名称

ワークスペースの右側にあるのが **タスクバー** です。PC版とは細部が違いますが、似たアイコンのものがほとんどです。
「シェイプを結合」〜「リンク」は該当するオブジェクトやパスが選択されているときに使用できます。

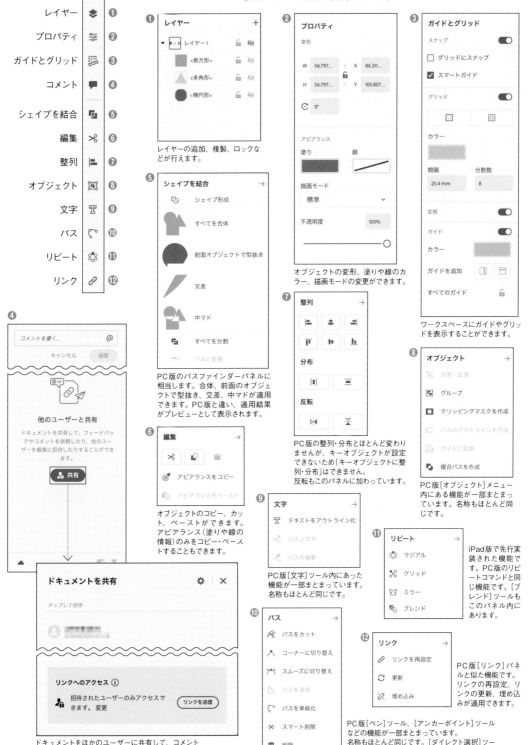

- レイヤー ❶
- プロパティ ❷
- ガイドとグリッド ❸
- コメント ❹
- シェイプを結合 ❺
- 編集 ❻
- 整列 ❼
- オブジェクト ❽
- 文字 ❾
- パス ❿
- リピート ⓫
- リンク ⓬

❶ レイヤー
レイヤーの追加、複製、ロックなどが行えます。

❺ シェイプを結合
- シェイプ形成
- すべてを合体
- 前面オブジェクトで型抜き
- 交差
- 中マド
- すべてを分割
- パスに変換

PC版のパスファインダーパネルに相当します。合体、前面のオブジェクトで型抜き、交差、中マドが適用できます。PC版と違い、適用結果がプレビューとして表示されます。

❻ 編集
- アピアランスをコピー
- アピアランスをペースト

オブジェクトのコピー、カット、ペーストができます。アピアランス（塗りや線の情報）のみをコピー・ペーストすることもできます。

❷ プロパティ
変形
- W 56.797... X 86.311...
- H 56.797... Y 105.807...
- C 0°

アピアランス
- 塗り
- 線

描画モード　標準
不透明度　100%

オブジェクトの変形、塗りや線のカラー、描画モードの変更ができます。

❼ 整列
分布
反転

PC版の整列・分布とほとんど変わりませんが、キーオブジェクトが設定できないため「キーオブジェクトに整列・分布」はできません。
反転もこのパネルに加わっています。

❾ 文字
- テキストをアウトライン化
- パス上文字
- パスを編集

PC版［文字］ツール内にあった機能が一まとまっています。名称もほとんど同じです。

❿ パス
- パスをカット
- コーナーに切り替え
- スムーズに切り替え
- パスを塗過
- パスを単純化
- スマート削除
- 削除

❸ ガイドとグリッド
- スナップ
- グリッドにスナップ
- スマートガイド
- グリッド
- カラー
- 間隔 25.4 mm　分割数 8
- 定規
- ガイド
- カラー
- ガイドを追加
- すべてのガイド

ワークスペースにガイドやグリッドを表示することができます。

❽ オブジェクト
- 分割・拡張
- グループ
- クリッピングマスクを作成
- パスのアウトラインを作成
- ガイドに変換
- 複合パスを作成

PC版［オブジェクト］メニュー内にある機能が一部まとまっています。名称もほとんど同じです。

⓫ リピート
- ラジアル
- グリッド
- ミラー
- ブレンド

iPad版で先行実装された機能です。PC版のリピートコマンドと同じ機能です。［ブレンド］ツールもこのパネル内にあります。

⓬ リンク
- リンクを再設定
- 更新
- 埋め込み

PC版［リンク］パネルと似た機能です。リンクの再設定、リンクの更新、埋め込みが適用できます。

PC版［ペン］ツール、［アンカーポイント］ツールなどの機能が一部まとまっています。名称もほとんど同じです。［ダイレクト選択］ツールで選択した場合に適用できます。

❹ コメント
コメントを書く
キャンセル　送信

他のユーザーと共有
ドキュメントを共有して、フィードバックやコメントを依頼したり、他のユーザーを編集に招待したりすることができます。
共有

ドキュメントを共有
タップして招待

リンクへのアクセス
招待されたユーザーのみアクセスできます。変更
リンクを送信

ドキュメントをほかのユーザーに共有して、コメントを追加したり共同編集したりできます。

LESSON 14 iPad版 Illustrator の使い方

241

レイヤーパネルの見方

レイヤー（PC版Illustratorの［レイヤー］パネル相当）の表示は、画面右のタスクバーで行います。タスクバー最上部にあるレイヤーアイコン（❶）をタップすると、レイヤーパネルが開きます（❷）。プレビューの左側にある三角形（▶）をタップすると、そのレイヤー上にあるオブジェクトが確認できます（❸）。

レイヤーをタップすると（❹）、そのレイヤー上にあるすべてのオブジェクトが選択されます（❺）。

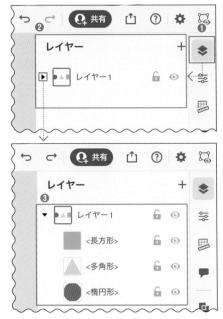

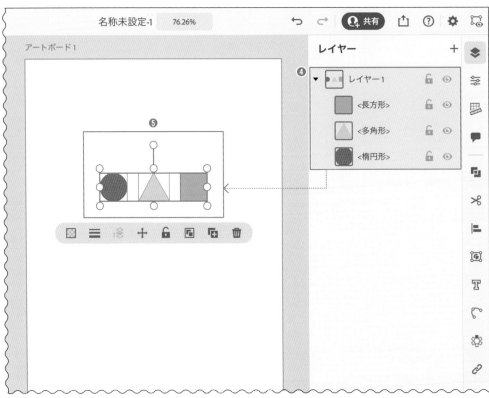

レイヤーの追加・削除

パネル右上の「＋」マーク（❶）を押すと、新規レイヤーを追加することができます（❷）。
レイヤーを削除、複製、名称変更をしたい場合はレイヤーを左にスワイプします。アイコンは左から「レイヤー名変更」、「複製」、「削除」です（❸）。
レイヤー名変更は、レイヤーまたはオブジェクトをダブルタップでも行うことができます（❹）。

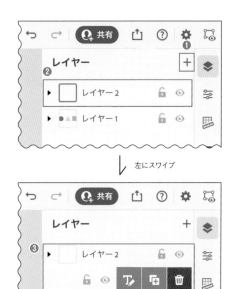

左にスワイプ

ダブルタップ

レイヤー名を変更

レイヤー1

キャンセル　OK

レイヤーの表示、非表示、ロック

レイヤー右側のアイコンでレイヤーの表示/非表示、ロック/ロック解除を行うことができます。
レイヤーを非表示にしているときはアイコンに斜線が入ります（❶）。
レイヤーをロックしているときはアイコンの形が変わり、色が濃くなります（❷）。

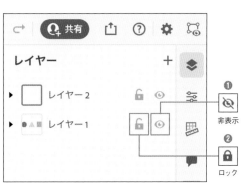

【選択ツール、コンテキストウィジェット】
オブジェクトの選択・感覚的な調整

コンテキストウィジェットの操作

コンテキストウィジェットとは、オブジェクトや
パス、またはアンカーポイントを選択したときに
表示されるメニューのことです（**❶**）。
PC版の[プロパティ]パネルや[オブジェクト]メ
ニューと同じような機能をもっていますが、タッ
プやスライドでより素早く、感覚的に調整できる
のが特徴です。

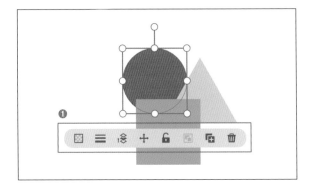

❶

オブジェクトの操作

[選択]ツールでオブジェクトを選択、もしくは[図
形]ツールなどでオブジェクトを新規作成すると
アイコンが表示されます。

不透明度

タップするとスライダーが表示されます。
左にスライドすると不透明度が下がり、右にスラ
イドすると不透明度が上がります。

ドラッグして不透明度を変更

不透明度：50%

線幅

タップするとスライダーが表示されます。
左にスライドすると線幅が細くなり、右にスライ
ドすると線幅が太くなります。

ドラッグして線幅を変更

線幅：10 pt

重ね順

左にスライドすると背面へ、右にスライドすると前面へ移動します。

移動

アイコンを中心にスライドすると、任意の方向にオブジェクトを移動できます。

ロック

タップするとロックがかかります。
ロックを解除するときは、ロックされたオブジェクトの左上に表示されている錠前のマーク(❶)をタップします。

グループ

複数オブジェクト選択時にタップできます。
タップすると、選択したオブジェクトがグループになります。このとき、グループ全体のバウンディングボックスのみが表示されるようになります。

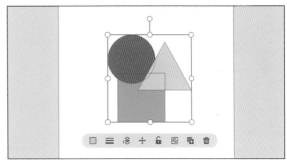

複製

タップするとオブジェクトが同じ位置に複製されます。長押しするとクリップボードにコピー、その状態でアートボードをダブルタップしてペーストができます。
アイコンを中心にスライドすると、任意の場所にオブジェクトを複製できます。

削除

タップするとオブジェクトが削除されます。

なお、スライダーが表示される「不透明度」、「線幅」、「重ね順」の操作は、タップせずアイコンを中心にスライドすることでも同様に調整できます。

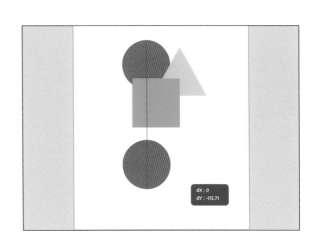

パスの操作

iPad版の[ダイレクト選択]ツールは、PC版の[ダイレクト選択]ツールとほとんど同じです。
パスは、主に[ダイレクト選択]ツール（①）とタスクバー「パス」（②）を用いて操作・編集をします。
タスクバー「パス」で行うことができる操作は以下のとおりです。

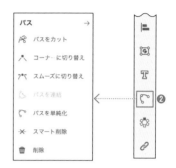

パスのカット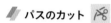

選択したアンカーポイントを境にパスがカットされます（③）。見た目に変化はありませんが（④）、[選択]ツールで移動させると4つの曲線に分割されていることがわかります（⑤）。

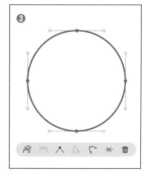
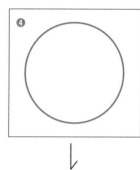

スムーズに切り替え

タップすると、アンカーポイントに接続されているパスが曲線になります。画像は、三角形のパスを曲線にした例です（⑥）。

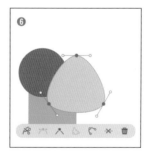

コーナーに切り替え

タップすると曲線のパスがコーナーポイントに変化し、接続されているパスは直線になります。画像は、円のパスを直線にした例です（⑦）。

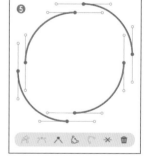

選択したパスをすべて連結／クローズパス作成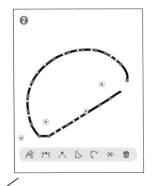

2つのパスまたはアンカーポイントを選択します
（①）。タップすると、アンカーポイントの端同士
が連結されます（②）。
また、連結を適用した状態でもう一度アイコンを
タップすると、逆側の端同士が連結しクローズパ
スとなります（③）。

パスを単純化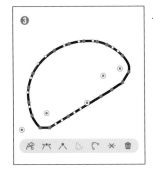

タップすると、元のオブジェクトの形を保持した
ままアンカーポイントの数を減らすことができま
す（④）。

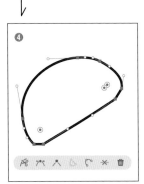

スマート削除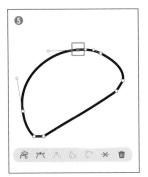

PC版［アンカーポイントの削除］ツールと似た働
きをします。削除したいアンカーポイントを選択
します（⑤）。
タップすると、パスを切断せずにパスを削除する
ことができます（⑥）。

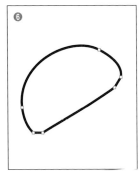

削除 🗑

PC版［ダイレクト選択］ツールを使った削除方法
と同様です。アンカーポイントを削除し、パスを
切断します。両端にアンカーポイントがある場合
は、それぞれ独立します。

また、オブジェクトを選択した際に表示されるコ
ンテキストウィジェットのように、［ダイレクト選
択］ツールでパスやアンカーポイントを選択する
とパス編集のコンテキストオプションが表示され
ます（⑦）。内容は上記のタスクバー「パス」と同じ
です。

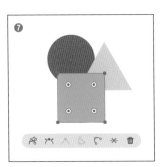

LESSON

14

iPad版 Illustrator の使い方

247

シェイプの作成

基本的な操作はPC版Illustratorと同じです。
タッチショートカットを使って、より正確なシェイプを作成することもできます(❶、❷)。

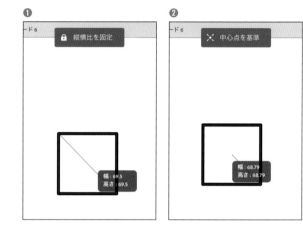

シェイプに応じた変形ツール

シェイプを[ダイレクト選択]ツールで選択したとき、ツールバーの下部にS字のようなマークが表示されます(❸)。これが[シェイプに応じた変形]ツールです。

タップすると、シェイプを構成している形状の情報が表示されます(❹)。

さらにシェイプをタップすると、形状の情報に沿ってシェイプを変形させることができます(❺、❻)。

変形した後も形状の情報は残るので、再度変形させることも可能です(❼)。

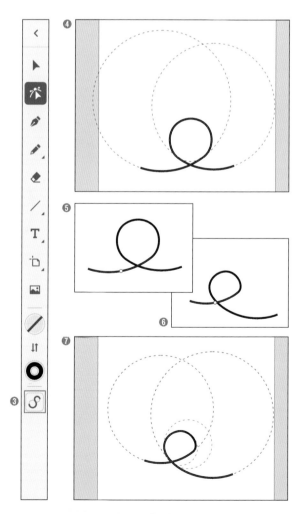

配置と画像のベクター化

データを配置する

画像やPDFデータなどを 配置 したいときは、ツールバーの「配置」から行うことができます（**❶**）。画像を配置すると、自動的にアートボードいっぱいに収まるようサイズが調整されます。

クリッピングマスクを作成する

切り抜くオブジェクトと切り抜かれるオブジェクトを用意して実行する、という基本的な操作はPC版と変わりません。ただし、iPad版ではプロパティパネルのメニューから実行するのに加え、図形を選択した状態で画像を読み込むと自動でクリッピングが実行されます。

1 図形を作成します（**❷**）。

2 図形を選択した状態で「配置」から画像を選択すると、自動的にクリッピングが実行されます（**❸**）。

3 画像の縦横比によってサイズが上手く調整されない場合もあるため、画像のサイズを調整して完成です（**❹**）。

ベクター化とは

「ベクター化」は、PC版「画像トレース」を単純化した機能です。

画像トレースに比べてプリセットの数や一部の機能に制限はありますが、手軽に画像をパスやシェイプに変換できます。

ベクター化は、配置した画像を選択してから[オブジェクト]パネル内の「ベクター化」(❶)か、画像選択時に表示されるコンテキストウィジェット内のアイコン(❷)から実行できます。

タスクバーの[プロパティ]パネルから、ベクター化オプション(❸)を使用して調整ができます。

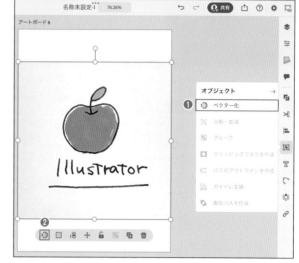

❖ ソース

PC版の「プリセット」に相当します。内容は「スケッチ」「ラインアート」「ロゴ」「ペイント」「写真」の5つです(❹)。

❖ カラーモード

PC版と同じです。「カラー」「グレースケール」「白黒」から選択します。「カラー」「グレースケール」を選択した場合は対応するスライダーが表示されます。

❖ 出力

PC版の「作成」に相当します。塗りとしてベクター化するか、線としてベクター化するかを選択できます。

ただし、PC版とは違い塗りと線を同時に選択することはできません。

❖ その他の項目

「しきい値」「パス」「コーナー」「ノイズ」「方式」「ホワイトを無視」の6項目はすべてPC版の同名称の機能と同じです。(参考:11-10「画像トレース」)

❖ ベクター化を実行

PC版の「拡張」に相当します。プロパティパネルのほかに、コンテキストウィジェット(❺)からも実行できます。

調整を加えると、手書き風のベクターオブジェクトや、色数を絞ったロゴが簡単に作成できます(❻、❼)。

ソース：ラインアート
ホワイトを無視にチェックを入れ、ベクター化を実行した後、プロパティパネルで線幅を2ptに変更

ソース：ロゴ
カラーを21→7にし、ホワイトを無視にチェックを入れてベクター化を実行

LESSON 14/11

【ベクター化、文字、リピート】

機能を組み合わせてロゴを作る

ロゴデザインの作成

手書きのラフスケッチとオブジェクトを組み合わせて、ロゴデザインを作成してみましょう。

ドキュメントサイズは「1000×1000px」（❶）で、トレース元の画像は紙にペンで書いてiPadのカメラで撮影したものです（❷）。

❶

❷

❸

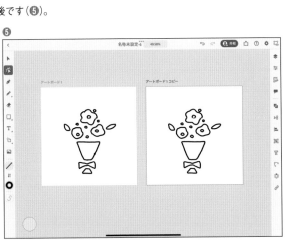

| 1 | 画像を配置してベクター化します。
ソース：ラインアートを選択し、❸のようにトレース結果を調整します。
調整が終わったら、「ベクター化を実行」でオブジェクトを分割・拡張します（❹）。 |

| 2 | トレースされた線をクローズパスにします。
トレース後は孤立した点や余分なパスができていることもあるので、[ダイレクト選択]ツールやスマート削除、パスの連結などを使って線を整えます。画像左が調整前、画像右が調整後です（❺）。 |

❹

❺

3 いったんグループを解除して、色や線幅を調整します（❶）。オブジェクトの花部分のみ「前面オブジェクトで型抜き」を適用しています。調整を終えたら、もう一度グループ化します。

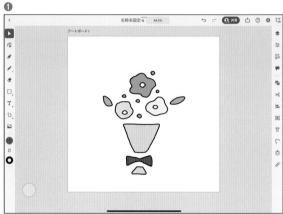

4 リピートオブジェクトを作成します。
先ほどトレースしたものの周りを囲むオブジェクトです。［鉛筆］ツールなどで葉っぱの形のシェイプを作成します（❷）。
シェイプを選択した状態で、［リピート］パネルから「ラジアル」を選択します（❸）。
サイズを700px、リピートのインスタンス数を24個にして、円状のコントロールツール（リピート円上部にある○マーク）を右側に移動させてオブジェクトの向きを変更します（❹）。
リピートオブジェクトが完成しました（❺）。

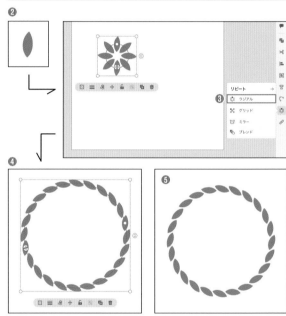

5 オブジェクトを配置します。トレースオブジェクトが、4で作成したリピートオブジェクトに収まるように調整します。文字を中央揃えで作成して、リピートオブジェクトの下に配置します（❻）。
フォント、色を変更して位置を整えたら完成です（❼）。

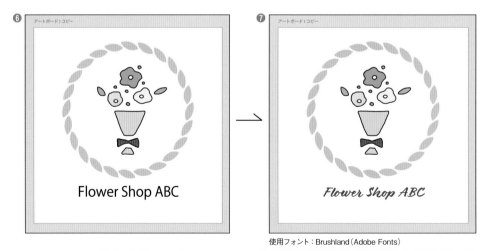

使用フォント：Brushland（Adobe Fonts）

INDEX

装丁・本文デザイン	ingectar-e
編集・制作	桜井 淳
編集・企画	平松 裕子、正林 史香

Illustrator レッスンブック　for PC & iPad

2022 年 6 月 17 日　　初版第 1 刷発行

著者　　　　ソシムデザイン編集部
発行人　　　片柳 秀夫
編集人　　　平松 裕子
発行所　　　ソシム株式会社
　　　　　　https://www.socym.co.jp/
　　　　　　〒 101-0064
　　　　　　東京都千代田区神田猿楽町 1-5-15
　　　　　　猿楽町 SS ビル
　　　　　　TEL03-5217-2400（代表）
　　　　　　FAX03-5217-2420
印刷・製本　シナノ印刷株式会社
定価はカバーに表示してあります。
落丁・乱丁は弊社編集部までお送りください。
送料弊社負担にてお取り替えいたします。
ISBN978-4-8026-1368-2　　Printed in Japan

●本書の一部または全部について、個人で使用するほ
かは、著作権上、著者およびソシム株式会社の承諾
を得ずに無断で複写／複製することは禁じられており
ます。

●本書の内容の運用によって、いかなる障害が生じて
も、ソシム株式会社、著者のいずれも責任を負いかね
ますのであらかじめご了承ください。

●本書の内容に関して、ご質問やご意見などがございま
したら、ソシムのWebサイトの「お問い合わせ」よりご
連絡ください。なお、電話によるお問い合わせ、本書
の内容を超えたご質問には応じられませんのでご了
承ください。

ソフトウェアの不具合や技術的なサポート等につき
ましては、アドビ株式会社の Web サイトをご参照
ください。
アドビ株式会社
アドビヘルプセンター
https://helpx.adobe.com/jp/support.html